实用电声器件磁学基础

吴宗汉 编

东南大学出版社

SOUTHEAST UNIVERSITY PRESS

·南京·

内 容 简 介

电声换能器件是通信行业中的重要部件之一。随着科技的发展,通信领域对电声器件又提出了更高、更新的要求。本书是从应用的角度出发,系统、简明地介绍了电声换能器涉及的磁学问题。本书内容包括了:磁性材料的物理基础、电声换能器涉及的磁学原理,以及相关的设计及测量等。

本书可供从事电声器件生产和应用的一线技术人员参考,也可作为有志于从事该领域的高年级大学生的参考书。

图书在版编目(CIP)数据

实用电声器件磁学基础 / 吴宗汉编. — 南京:东南大学出版社,2022.10
ISBN 978-7-5641-9935-7

Ⅰ. ①实… Ⅱ. ①吴… Ⅲ. ①电声器件－磁学－基本知识 Ⅳ. ①TN64

中国版本图书馆 CIP 数据核字(2021)第 259420 号

责任编辑:姜晓乐　　责任校对:杨光　　封面设计:毕真　　责任印制:周荣虎

实用电声器件磁学基础

编　　者:吴宗汉
出版发行:东南大学出版社
社　　址:南京四牌楼 2 号　邮编:210096　电话:025-83793330
经　　销:全国各地新华书店
印　　刷:南京迅驰彩色印刷有限公司
开　　本:700mm×1 000mm　1/16
印　　张:12.5
字　　数:225 千字
版　　次:2022 年 10 月第 1 版
印　　次:2022 年 10 月第 1 次印刷
书　　号:ISBN 978-7-5641-9935-7
定　　价:65.00 元

序　言

　　电声换能器件是电声和语言通信系统的重要部件之一。而基于电磁原理的换能器件在各种电声器件中占有很大的比例。电磁换能器件的磁性材料和涉及磁学的设计原理是影响换能器件物理和感知性能的关键。近年来各种通信技术、计算机与互联网技术以及新的声音媒体技术的发展，对电声换能器件的技术与性能提出了新的要求，新材料与新技术的发展为实现这些要求提供了条件。我国是电声换能器件的生产大国，从事相关工作的技术人员很多，有关电声换能器件磁学问题的书籍对这些技术人员无疑是非常有用的。虽然目前国内有不少介绍电声换能器件的书籍，但专门论述电声换能器件磁学问题的并不多。

　　吴宗汉教授是国内电声材料方面的前辈，在东南大学从事教学和基础研究多年，取得了丰硕的成果。近十几年，吴教授与企业合作进行相关的技术工作，具有丰富的实践经验。《实用电声器件磁学基础》一书，从应用的角度，简明、系统地论述了电声换能器件涉及的磁学问题。该书的内容涵盖了磁性材料的物理基础，电声换能器件涉及的磁学原理、设计与测量技术等，可以帮助从事该领域的工程技术人员及相关专业学生掌握电声器件的磁学知识。

　　作为晚辈，我本来是不够资格为前辈的书写序言的。但我非常荣幸地作为该书正式出版前的首名读者，向电声界的同行以及未来的同行们推荐该书，相信该书会给同行们带来大的裨益。

谢菠荪

华南理工大学　物理与光电学院　声学研究所

2021 年 1 月 1 日

目　　录

第一章

电介质极化与磁介质磁化

在现代科技发展中,磁系统的应用愈来愈广泛。在电声行业中磁系统的应用也是不胜枚举。例如:扬声器、拾音器、耳机、受话器、传声器等都用到了磁系统。尽管应用的场合五花八门、名目繁多,磁系统的形式也是多种多样,但其作用原理和组成部件却都是相似的。这里我们着重讨论电声器件磁学中的基础问题,简言之就是"电声磁学"(本人自造的名词)的问题。其中又对含有工作气隙的磁系统讨论得较多。首先从电介质、磁介质的物理基础方面做比较和介绍。

1.1 电介质极化

1.1.1 三个电向量

在平行板电场中的电介质,会受到极化,这时电介质中的偶极子会因外电场的作用而有一定取向。这时有:

$$D = \varepsilon_0 E + P \tag{1-1}$$

式中:D——电位移,它只与自由电荷相关;P——电极化强度,它只与极化电荷相关;E——电场强度,它与实际存在的所有电荷(自由电荷和极化电荷)相关;ε_0——真空中的介电常数。三个电向量的特性具体见表 1-1,平行板电场中几个电向量的关系见图 1-1。

表 1-1　三个电向量特性表

名　称	符号	所联系的电荷	边界条件
电场强度	E	所有电荷	切向分量连续
电 位 移	D	仅为自由电荷	法向分量连续

（续表）

名　称	符号	所联系的电荷	边界条件
电极化强度（单位体积中的电偶极矩）	P	仅为极化电荷	在真空中为零
E 的定义方程	$F = qE$		
三个向量的一般关系	$D = \varepsilon_0 E + P$		
电介质存在时的高斯定律	$\oint D \cdot dS = q$（q 仅为自由电荷）		
某些电介质材料的经验关系式	$D = x\varepsilon_0 E$ $P = (x-1)\varepsilon_0 E$		

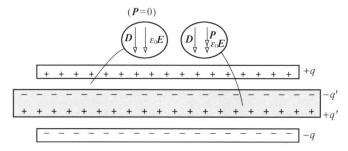

（a）空气间隙中的 D、$\varepsilon_0 E$ 和 P（左边放大图）与平行板电容器的电介质中的 D、$\varepsilon_0 E$ 和 P（右边放大图）

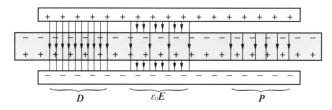

（b）与 D（自由电荷）、$\varepsilon_0 E$（总电荷）和 P（极化电荷）相联系的电力线

图 1-1　平行板电场中几个电向量的关系图

1.1.2　常见的电介质

常见的电介质有一般电介质、铁电介质、驻极体电介质、压电驻极体电介质等。

（1）驻极体电介质

在电声器件中，驻极体电介质用得很普遍，驻极体电介质是奇特的人造材料，在电场中被极化后可以保持电荷，就像一块铁放到磁场中会被磁化一样。

早在1919年,日本海军上尉 Kawao Wantachi 已能通过混合蜂蜡乙烯胶(一种巴西棕榈蜡)和树脂来造出一种膜,这种生成物被放入电场中极化,可以在较长时间内保持电荷——这就是世界上最早的驻极体电介质。

1925年,江口元太郎(Mototaro Eguchi)依据 Kawao Wantachi 的工作发明出一种制作电介质的方法。在1890年至1930年间,使用半波整流的交流电进行了不同的实验和工作(基本上是在一根电缆中加入二极管整流器)。在第二次世界大战中,日本人将这种电介质装备到海军军舰上用作无电源、无磁钢的传声器,后来被美军俘获,美军没有搞清其中的奥秘,但发现不小心将其坠落后它会破碎损坏,这就是一种永久带电体[被命名为驻极体(Electret)]。

从1919年到1970年代,驻极体一直都是用加热的方法(电极施加的直流电压用于加热样品)制造的,这是原始的方法,其使用了空间电荷的偶极子极化与“电偶理论”,使用的材质则是巴西棕榈蜡等的混合物。后来,德国科学家塞斯勒(G.Sessler)和美国科学家韦斯特(West)在美国贝尔实验室发现用聚合物薄膜(如:Mylar 的聚合物)可以制成体积小、不易破碎的驻极体,因而体积小、性能好的驻极体电容传声器得以大量生产。

从1960年代至今,电子束电晕放电的方法(真空中大约20 keV 的低能束流)被广泛用于可控充电的驻极体制造中。

自1970年代以来,制造驻极体常用的方法是使用聚合物材料。许多现代电介质只有空间或表面电荷,如聚四氟乙烯(Teflon)或聚丙烯(Polypropylene)电介质,但没有偶极子极化。制造现代电介质需要 $3\sim10$ kV 的电压。这个电压通过外加电极加到 $25\sim100$ μm 厚的 Teflon 箔上(最好单侧金属化)或者用 $5\sim10$ kV 的尖端电压进行电晕放电更好。然后,Teflon 未金属化的一面带上了电。

电晕放电法在当今工业生产中颇为流行,有时还会在高温下使用。其所需电流通常小于 1 mA,因为材料绝缘,所以电流很小。

关于施加电压和输出电压的比例:它依赖于充电过程和其他许多参数。在电晕放电中,2 kV 的表面电位可以通过 $5\sim10$ kV 的尖端电压被容易地获得。利用接触式充电电极,可以预料最终所得电压为施加电压的50%,不超过 $1\sim2$ kV,但由于涉及参数过多,一般的规则不可给出。

(2)硅微传声器

现在的 ECM(驻极体电容传声器)用得非常广泛,而且又发展到使用硅材料制成驻极体并使之微型化、功能化,从而生产出 MEMS(微机电系统)电容传声器(硅微传声器)。MEMS 是通过微制造加工技术(Microfabrication)的方法在硅片或其他材质的基板上,制造出微传感器、微控制器、微电子电路等单元,再通过微执行机构的配合而形成能具体执行指令动作的完整的微系统。这种设计尺寸微小,仅在微米(μm)和纳米(nm)之间。各国对微机电系统的叫法不一,美国:Micro-Electro-Mechanical System(MEMS);日本:マイクロマシン(Micromachines);欧洲:Micro-System Technology(MST);中国:微机电系统(MEMS)。

硅基驻极体麦克风采用半导体硅材料通过 MEMS(微机电系统)工艺制作硅基振膜和硅基背极,同样通过 MEMS 工艺在硅基上制作 IC(集成电路),然后采用特殊的封装形式制作成麦克风。它不同于市场销售的电容传声器产品,不需要外加偏压,无直流升压回路,充分利用了驻极体的特性而使 S/N 值高,性能良好。硅基驻极体麦克风极头部分的切面和气隙电场示意图分别见图 1-2、图 1-3。

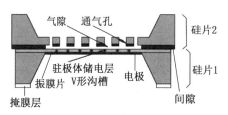

图 1-2 硅基驻极体麦克风极头部分的切面示意图

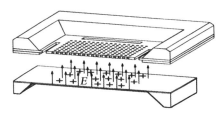

图 1-3 硅基驻极体麦克风的气隙电场示意图

在硅膜或是硅背极上驻电荷,通过特殊的封装工艺使它们固定在一起,并且在周围空出的硅基上制作 IC,形成整个的麦克风芯片。具体的切面三维示意图见图 1-4。

MEMS 加工技术(图 1-5)的技术优势有如下几点:

① 使用微电子加工技术,可以做到体积小、功能全、功耗小、抗电磁干扰特性强。

② 可使用 SMT 贴装技术进行自

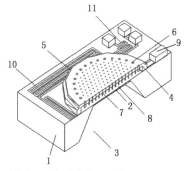

1—硅基片;2—振动薄膜;3—方形开口;4—背电极;5—电极板;6—声学孔;7—支撑点;8—气隙;9—热压脚;10—多晶硅电阻;11—浓硼扩散电阻。

图 1-4 硅振膜、硅背极以及制作好的 IC 的切面三维示意图

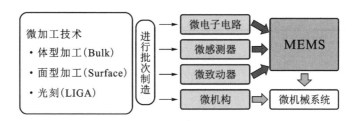

图 1-5　MEMS 加工示意图

动生产线流水生产。

③ 坚固、耐震、高耐热、高耐湿。

④ 使传感、检测、信号处理等技术有机结合,构成了一个完整的系统。

⑤ 能保证产品性能的一致性和稳定性。

⑥ 能促进电子产品的数字化、集成化、数组化、功能化。

MEMS 的优点有:

① 超"轻、薄、短、小"。

② 精确度高、稳定性好,可大量产出且单位成本低。

③ 环保、节能。

④ 运作速度快、功能多。

⑤ 应用范围广。

MEMS 的缺点有:

① 封装、测试成本高昂(对单一产品的生产,厂商则会因不能满负荷生产和设备维护成本高等因素使成本问题更为突出)。

② 产业链结构尚在建构中,且 MEMS 行业中寡头现象突出,世界排名前 30 的生产商的总营收占整体 MEMS 产业的 88%。

③ 整体投资高。

MEMS 的应用领域:

① 广泛用于移动电话、笔记本电脑、收录机、数码相机、摄像机、声控开关、声控玩具、汽车音响、无绳电话及普通电话中。

② 特别适用于航空航天、国防、安保,以及微型助听器等高端技术产品。

③ 由于其可焊接温度高,能经受回流焊,对湿度不敏感,可微型化,可测量声场分布,改善音质等方面的优势,因而适宜制造高性能的测量、通信和检测用器件。

MEMS 在汽车行业中的应用有如下几个方面：

① 感测系统：TPMS 系统(胎压感测)、引擎温度感测、燃油油量感测、燃油质量感测、ABS 车速检测、悬挂系统感测等。

② 安全系统：全球定位系统(GPS)、智能性后视装置、红外线夜视装置、ESC 系统(如：防翻覆感测装置、防倾斜/内倒防护装置等)、距离警告雷达、前方气囊加速度计、侧边气囊加速度计等。

③ 显示系统：抬头显示器、座位姿态记忆及显示器、车灯调节及显示器等。

④ 电声器件系统：汽车音响、车内免持通信系统、碰撞声传感器及其他声控器件等。

MEMS 在消费电子和信息产业方面的应用有如下几个方面：

① 消费电子用器件。如：NB、PC、PDAs、Wii 等。

② 生物医学电子。如：可抛弃式无线内窥镜系统、MEMS 人工耳蜗、数字化 MEMS 听诊器、数字化 MEMS 助听器等。

③ 新兴产业的应用。如：新兴的 MEMS 微燃料电池、RF-MEMS 被动组件、微应用流体力学器件、MEMS 微显示器件、陀螺仪、加速度计、喷墨打印头、压力传感器、可携式摄像机、数码相机、DSC 等。(尤其是 CMOS MEMS 麦克风整合传感器与电子及信号处理技术，使元器件与电路技术整合，促进了电子元器件走向部件、功能集成单元，并能微型化。)

④ 军工企业、机器人及其他工业领域的应用。

(3) 常用的压电材料

有一类十分有趣的晶体，当对它挤压或拉伸时，它的两端就会产生不同的电荷。这种效应被称为压电效应。能产生压电效应的晶体就叫压电晶体管(商用上常称为压晶体管)。水晶(α-石英)是一种有名的压晶体管。常见的压晶体管还有：闪锌矿、方硼石、电气石、红锌矿、GaAs、钛酸钡及其衍生结构晶体、KH_2PO_4、$NaKC_4H_4O_6 \cdot 4H_2O$(罗息盐)、食糖等。

压晶体管是用量仅次于单晶硅的电子材料，用于制造选择和控制频率的电子元器件，广泛应用于电子信息产业各领域，如彩电、空调、计算机、DVD、无线电通信等，尤其在高性能电子设备及数字化设备中应用日益扩大。低腐蚀隧道密度压晶体管是生产 SMD 频率片、手机频率片的必需材料。压晶体管产品品种主要有：Z 棒、Y 棒、厚度片、频率片。

某些晶体,当沿着一定方向受到外力作用时,内部会产生极化现象,使带电质点发生相对位移,从而在晶体表面产生大小相等符号相反的电荷;当外力去掉后,又恢复到不带电状态。晶体受力所产生的电荷量与外力的大小成正比,这种现象叫压电效应。反之,如对晶体施加电场,晶体将在一定方向上产生机械变形;当外加电场撤去后,该变形也随之消失,这种现象称为逆压电效应,也称作电致伸缩效应。

常用的压电材料有三种:压晶体管、压电陶瓷、有机压电材料。

压晶体管最有代表性的就是石英晶体,其绝缘性好,机械强度大,居里点高,但压电系数小,所以只用作校准用的标准传感器,或是要求精度很高的传感器。压电陶瓷的应用范围很广,灵敏度高,但相对石英晶体则机械强度低,居里点低。有机压电材料通常都是高分子材料构成的,压电系数高、灵敏度高,多用于医学等高精尖科学。

压电体是在外力作用并保持下能具有电荷呈现或有电场对外作用的材料。压电性产生的原因与晶体结构有关。原本重合的正、负电荷重心受压后产生分离而形成电偶极子,从而使晶体特定方向的两端带有符号不同的电荷量。一般而言,它是存在于晶体中的。若晶体构造中不存在对称中心,当外力未施加时,晶体中正负电荷中心重合,晶体不呈现极化,单位体积中电矩(极化强度)等于零。但在外力作用下,晶体发生形变。正负电荷中心相互分离,单位体积中电矩不为零,晶体对外呈现极性。因此,晶体是否具有压电效应,取决于晶体构造的对称性。应该可以认为,压晶体管的共同特点是:晶体点群(对称型)没有对称中心。在晶体的 32 种点群中,具有对称中心的 11 种点群不会有压电效应。在 21 种不存在对称中心的点群中,除了 432 点群因为对称性很高,压电效应退化以外,其余 20 种点群都有可能产生压电效应。此外,对于描写复杂对称性的 7 种居里群中,有 3 种可能产生压电效应。晶体压电效应示意图如图 1-6 所示。

(a) 无对称中心的异极晶体　　　(b) 有对称中心的异极晶体

图 1-6　晶体压电效应示意图

对于有对称中心的晶体,无论有无外力作用,晶体中正负电荷中心总是重合在一起,因而不会产生压电效应。对高分子材料,如PVF2。经处理后也可形成如晶体中的结构的不对称性,在外力作用下,呈现压电特性。

压电特性的表征是这样的:晶体的压电效应是由于应力X和应变x等机械量及电场强度E和电位移强度D(或极化强度P)等电气量的耦合效应来表现的。这种机电耦合效应带有明显的方向性,且是各向异性的,可以是以张量的形式表征的。对于正压电效应,则是:

应力→电矩→电位移量改变来表示的,即:

$$D_i = d_{ijk}X_{jk}$$

其中,D_i:电位移强度,它是一阶张量,有3个组元;

$\quad\quad d_{ijk}$:压电常数,它是三阶张量,有27个组元;

$\quad\quad X_{jk}$:应力,它是二阶张量,有9个组元。

对石英晶体和压电陶瓷的压电常数矩阵特征表示如下:

石英晶体压电常数矩阵　　　　　　压电陶瓷压电常数矩阵

$$\begin{bmatrix} d_{11} & -d_{11} & 0 & d_{14} & 0 & 0 \\ 0 & 0 & 0 & 0 & -d_{14} & 2d_{11} \\ 0 & 0 & 0 & 0 & 0 & 0 \end{bmatrix} \quad \begin{bmatrix} d_{11} & 0 & 0 & 0 & d_{15} & 0 \\ 0 & 0 & 0 & d_{15} & 0 & 0 \\ d_{31} & d_{31} & d_{31} & 0 & 0 & 0 \end{bmatrix}$$

逆压电效应:施加外电场后,压电体产生机械形变。若外电场是有规律变化的,则压电体出现机械谐波状态,常常称这种组件为压电振子。如:石英钟表中的谐振子。

压电振子振动模式:压电体(如压电陶瓷)在几个非零的压电常数下(如5个,但$d_{31}=d_{32}=d_{33}$,$d_{15}=d_{24}$),如果沿着极化轴(x_3轴)施加电场,将通过d_{33}耦合,在x_3方向激起纵向振动,并通过d_{31},d_{32}在垂直于极化方向的x_1,x_2方向上激起横向振动;而沿着x_1,x_2轴则通过d_{15},d_{24}激起绕x_2,x_1轴的剪切振动,一般来说,3×6个分量所能激起的振动可分为四大类(图1-7):

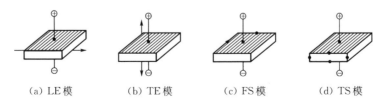

（a）LE模　　　　　（b）TE模　　　　　（c）FS模　　　　　（d）TS模

图1-7　四种压电模式

① 垂直于电场方向的伸缩振动,可用 LE 模(Length Expansion)表示;

② 平行于电场方向的伸缩振动,可用 TE 模(Thichness Expansion)表示;

③ 垂直于电场平面内的剪切振动,可用 FS 模(Face Shear)表示;

④ 平行于电场平面内的剪切振动,可用 TS 模(Thichness Shear)表示。

(4) 压电驻极体电介质材料

作为压电驻极体电介质材料,它是从驻极体发展而来的,压电驻极体麦克风就是以压电极体为基材制作而成的麦克风,压电驻极体(Peizoelectret)一词是最近几年才问世的,原是由德国科学家塞斯勒(G. Sessler)教授等人开发的一种带蜂窝孔状的薄膜材料,这种材料由于内部具有如双凸透镜截面的空洞,在空洞周围有电荷分布,当外界有声压作用时,则空洞变形,促使空洞周围电荷分布改变,这样就使薄膜材料的上、下表面会出现有一定的电位差值,这个差值又与外加声压有关,形成了声-电转换的特性关系,由此,可制成新型的换能器件。用这种压电驻极体材料制备的麦克风,它的谐振失真小,共振频率高,单层膜式的压电驻极体麦克风共振频率大约在 140 kHz,尽管多层膜式的压电驻极体麦克风共振频率会有些降低,但五层膜麦克风共振频率也会有 28 kHz 的量级,而且这种麦克风设计简单,换能原理也不太复杂,制造成本低廉,这些优点使得压电驻极体麦克风有着很大的应用范围和市场需求。

压电驻极体的制备是将某种带孔的高聚物薄膜(如 PP 膜)置于一定压力的密封容器中加压一段时间,然后再将容器中的压力降低至常压(一个大气压),使薄膜中原存的孔中气体膨胀,而形成薄透镜状孔隙,该孔隙也由原来 5 μm 的厚度膨胀增至 10 μm 的厚度。膨胀后厚度增加使其能承受更高的击穿场强,并使它的压电常数增大。

例如:蜂窝 PP 材料适当充电后具有很高的压电特性,特别是这种材料的压电系数 d_{33} 在声频范围内达到 150 pC/N,这几乎是最好的压电高聚物 PVF$_2$ 的 5 倍。作为从结构上再提高蜂窝 PP 压电驻极体的压电特性的方法有两种:

① 提高其厚度。使用这种改进薄膜的麦克风在 1 kHz 的灵敏度可达 2.2 mV/Pa(图 1-8)。

② 使用迭层薄膜。

根据 G. Sessler 教授实验结果如下:膨胀后样品 d_{33} 的频率响应曲线为图 1-9,图中显示,在声频范围内 $d_{33} \approx 420$ pC/N,比未膨胀样品大 3 倍。一直到

30 kHz的缓慢下降是由于杨氏模量的增加而造成的，而峰值约在140 kHz，这是由杨氏模量和质量决定的。在几千帕压强范围内有所增加，这也表明在此范围内蜂窝膜的应力关系不是完全线性的。

压电驻极体麦克风有别于一般高分子材质的驻极体薄膜的电容传声器的是，它不需要一个粘贴膜片的膜环，也不需要依赖于膜的振动而产生系统的电容量变化，它只要将压电驻极体膜粘贴在金属基片上，上面再涂敷一层金属层，也就是有两面电极即可，用压驻极体材料蜂窝PP制成麦克风，是取膜厚55 μm，面积为0.3 cm^{2}的材料，使其两面金属化，并安装在一个金属小腔体内，该MIC的极头电容为

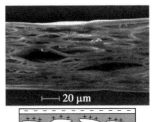

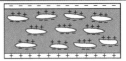

图1-8　厚蜂窝PP膜扫描电子显微镜图

70 μm厚蜂窝PP膜（HS01）扫描电子显微镜的剖面图片（上部），材料中电荷分布示意图（下部）。

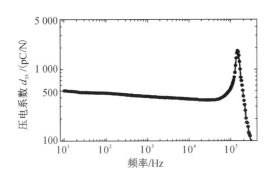

图1-9　应用干涉法测量55 μm厚的膨胀蜂窝PP膜的d_{33}

8 pF，金属腔体可起屏蔽作用。当外界声压驱使时就可形成有电位差面对外输出信号。多层膜压电驻极体材料则是由多枚金属化的压电驻极体膜通过层层胶粘而构成复合膜，当声压作用时，膜片都会受到声压作用，由于它们从电特性上来说是电串联的，因此，所存的各层输出电压相加，也就是说几层膜MIC的开路灵敏度应该是单膜MIC的几倍。单层和五层叠加蜂窝PP膜麦克风的频率响应由一个声耦合腔的比较方法确定，使用的膜的厚度为55 μm。五层膜的灵敏度（10.5 mV/Pa）约是单层膜的5倍（2.2 mV/Pa）。

20～1 000 Hz相差1 dB。THD几乎与声压成正比，164 dB时小于1%。带有前置放大器的单层膜MIC与五层膜MIC A计权噪声电压分别为3.0 μV和4.2 μV，由这些值可得其总的等效噪声级（ENL）分别为37 dB(A)和26 dB(A)。

此外,它还有以下先进性:

① 它可以适应器件微型化的需要而做得很小。

② 它可以做成异型结构,例如:它可以做成导线的套管状结构。这就成了实用新型结构。

③ 它可适应不同设计,不同产品的需要,如适应手机、电话机、电子玩具、MP3、MP4、数码相机、蓝牙耳机、传真机、复读机、助听器等制造厂家的需求。

④ 从技术参数上说:其共振频率高,单膜的可达 140 kHz,多层膜(5层)的可达 28 kHz,且谐波失真小。

⑤ 它具有更优良的信噪比特性,S/N 大于 60 dB,声音转换更清晰。

⑥ 一般的驻极体电容麦克风对湿度要求高,本产品对环境湿度不敏感。

⑦ 由于压电驻极体是柔性的聚合物,它可以很容易地改变形状,适用于多种场合。

⑧ 它价格低廉,对生产条件环境要求不高,极大地拓宽了该功能元器件的应用领域。

1.2 磁介质磁化

在电学中,孤立电荷 q 是可能存在的最简单的电结构,如果使符号相反的两个孤立电荷相互靠近,这两个电荷就构成了一个电偶极子,其特征可用电偶极矩 p 来表示。在磁学中,与孤立电荷相对应的孤立磁极是不存在的,而最简单的磁结构则是磁偶极子,其特征用磁偶极矩 μ 来表示。

若以 B, H, μ_0 分别表示磁感应强度、磁场强度、真空磁导率,在真空中则有:

$$B_0 = \mu_0 H \tag{1-2}$$

而在介质中则有:

$$B = \mu_0 (1 + \chi) H \tag{1-3}$$

式(1-3)中,B, H 都是向量。

磁感应强度是指描述磁场强弱和方向的物理量,常用符号 B 表示,国际通用单位为特斯拉(符号为 T)。磁感应强度也被称为磁通量密度或磁通密度。在物理学中磁场的强弱使用磁感应强度来表示,磁感应强度越大,表示磁感应越强;磁感应强度越小,表示磁感应越弱。

磁场强度在历史上最先由磁荷观点引出。模拟于电荷的库仑定律,人们认为存在正负两种磁荷,并提出磁荷的库仑定律。单位正电磁荷在磁场中所受的力被称为磁场强度 H。后来安培提出分子电流假说,认为并不存在磁荷,磁现象的本质是分子电流。自此磁场的强度多用磁感应强度 B 表示。但是在磁介质的磁化问题中,磁场强度 H 作为一个汇出的辅助量仍然发挥着重要作用。磁场强度是描述磁场性质的物理量,用 H 表示。其定义式为:

$$H = \frac{B}{\mu_0} - M \tag{1-4}$$

式中,B 是磁感应强度,M 是磁化强度,μ_0 是真空中的磁导率,$\mu_0 = 4\pi \times 10^{-7}$ H/m。H 的单位是 A/m。在高斯单位制中 H 的单位是 Oe。 1 A/m = $4\pi \times 10^{-3}$ Oe。

磁化强度是描述磁介质磁化状态的物理量。磁化强度通常用符号 M 表示,单位是 A/m。

定义为媒质微小体元 ΔV 内的全部分子磁矩向量和与 ΔV 之比,即对于顺磁与抗磁介质,无外加磁场时,M 恒为零;存在外加磁场时,则有

$$M = \frac{\sum_i m_i}{\Delta V} \tag{1-5}$$

或

$$M = \chi H = \frac{\chi}{1+\chi} \frac{B}{\mu_0} \tag{1-6}$$

其中,H 是媒质中的磁场强度,B 是磁感应强度,μ_0 是真空磁导率,它等于 $4\pi \times 10^{-7}$ H/m。 χ 是磁化率,其值由媒质的性质决定。顺磁质的 χ 为正,抗磁质的 χ 为负。

1.2.1 三个磁向量

若有一永磁体,我们讨论其磁感应强度、磁场强度、磁化强度这三个磁向量之间的关系,在图 1-10 中,图(a)是其磁场强度 H 的分布图;图(b)是其磁感应强度 B 的分布图,图上永磁体体外有一特定点 p,永磁体体内又有一特定点 q,在永磁体内部 B,H,M 都均为非零值,且在永磁体内部 H,M 的方向相反,则如图(d)所示,在永磁体外部则其 M 应为零,则如图(c)所示。

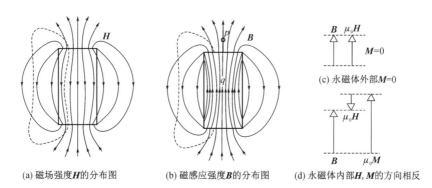

(a) 磁场强度 H 的分布图　　(b) 磁感应强度 B 的分布图　　(d) 永磁体内部 H,M 的方向相反

图 1-10 永磁体体内、外三个向量关系图

若将其相互关系制成表格,则如表 1-2 所示。

表 1-2 三个磁向量的特性关系

名　　称	符　号	相关的电流	边界条件
磁感应强度①	B	总电流	法向分量连续
磁场强度	H	仅仅是真实电流	切向分量连续③
磁化强度(单位体积的磁偶极矩)	M	仅仅是磁化电流	真空中为零
B 的定义式	$F = qV \times B$ 或 $= iI \times B$		
三个向量的一般关系式	$B = \mu_0 H + \mu_0 M$		
磁性物质存在时的安培定律	$\oint H \cdot \mathrm{d}I = i \, (i = \text{真实电流})$		
某些磁性物质的经验关系式②	$B = \chi_m \mu_0 H$ $M = (\chi_m - 1)H$		

注:① 通常把 B 简称为"磁场",这里采用另一个名称,把它叫作"磁感应强度",以免与 H 的名称"磁场强度"相混淆。
② 这个关系式仅适合于顺磁性物质与抗磁性物质,只要 χ_m 与 H 无关即可。
③ 假定在边界上不存在真实电流。

1.2.2 物质磁性的分类

(1) 物质磁性的分类

根据物质磁性的起源、磁化率的大小,及其随温度的变化关系,可将物质的磁性分为五大类(图 1-11):

现按各类磁性分述如下:

① 抗磁性

1846年,法拉第发现,把一块铋样品移近强磁铁的磁极时,它会被推开,法拉第就把这样的物质称之为抗磁性物质。抗磁性是普遍存在的,它是所有物质在外磁场作用下毫无例外地具有的一种属性。外磁场穿过电子轨道时引起的电磁感应

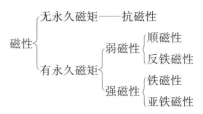

图1-11　磁性分类

使轨道电子加速。根据焦耳-楞次定律,由轨道电子的这种加速运动所引起的磁通,总是与外磁场变化相反,因而磁化率χ总是负的。

按照经典理论,传导电子是不可能出现抗磁性的。因为外加磁场(由于洛伦兹力垂直于电子的运动方向)不会改变电子系统的自由能及其分布函数,所以磁化率为零。

在外磁场作用下形成的环形电流在金属的边界上反射,因而使金属体内的抗磁性磁矩与表面"破折轨道"的反向磁矩抵消,不显示抗磁性。

抗磁性使一些物质的原子中电子磁矩互相抵消,合磁矩为零。当受到外加磁场作用时,物质原子的电子轨道运动会发生变化,而且在与外加磁场的相反方向产生很小的合磁矩。这样表示物质磁性的磁化率χ便成为绝对值很小的负数。

一般抗磁性物质的磁化率约为负百万分之一(-10^{-6})。只有纯抗磁性物质才能明显地被观测到抗磁性。例如,稀有气体元素和抗腐蚀金属元素(金、银、铜等)都具有显著的抗磁性。当外磁场存在时,抗磁性才会表现出来。假设外磁场被撤除,则抗磁性也会随之消失。

任何物体在磁场作用下,都会产生抗磁性效应。但因抗磁性很弱,若物体具有顺磁性或序磁性(见铁磁性)时,抗磁性就被掩盖了。因此,从原子结构来看,呈现抗磁性的物体是由具有满电子壳层结构的原子、离子或分子组成的,如稀有气体、食盐、水以及绝大多数有机化合物等。由于迈斯纳效应,超导体是理想的抗磁体。

在原子或分子中,按构造原理将电子排布到原子轨道或分子轨道上。如果排布电子的每个轨道都安排两个电子,按照泡利原理,占据同一轨道的两个电子自旋就必须相反。由这两个电子的自旋运动产生的磁矩,大小相同,方向相反,这样,这种配对电子不会出现净磁矩。对满壳层组态的原子,不仅总自旋磁

矩为零,电子对原子核呈球对称分布,原子轨道磁矩也为零。这类物质在外加磁场中是抗磁性的。

物质的抗磁性具有两个重要特点:

一是抗磁磁化率与磁场和温度无关(但也有例外,如石墨、铋等)。二是抗磁磁化率具有加和性,化合物的抗磁性可以由组合化合物的原子或基团的抗磁性加和得到。

下面做一些简单的计算:图1-12(a)和(b)表示一个电子在抗磁性原子中受电子和核间库仑力的作用,以角频率 ω_0 沿着半径为 r 的假想的圆形轨道运动,每个电子都受到向心力 F_E 的作用而运动。则有:

$$F_E = ma = m(\omega_0)^2 r \tag{1-7}$$

每个旋转着的电子都有一个轨道磁矩,但对整个原子来说,因为这些电子轨道的取向是不规则的,所以没有净的磁矩。例如,在图1-12(a)中,这个轨道磁矩,垂直于图面朝下。在图1-12(b)中,这个轨道磁矩,垂直于图面朝上。因此对于图中两个电子轨道来说,净磁矩效应为0。

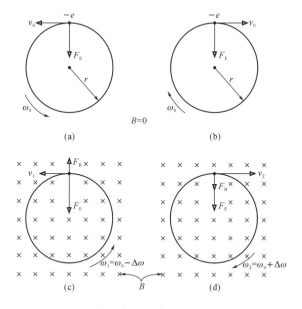

图1-12　电子在抗磁性原子中所受的作用

如果加上外磁场 B,如图1-12(c),(d)所示,则有一个附加的磁力作用,该力的方向总是与电子运动方向垂直,其大小为:

$$F_B = evB = e(\omega r)B \tag{1-8}$$

在图 1-12(c)中 F_B 与 F_E 的方向相反,而在图 1-12(d)中 F_B 与 F_E 的方向相同,这里的 ω 和前面的 ω_0 是不同的。

在外磁场作用下,电子在抗磁性原子中受 F_B 与 F_E 的共同作用,则应有:

$$F_E + F_B = ma = m\omega_2^2 r \tag{1-9}$$

$$F_E - F_B = ma = m\omega_1^2 r \tag{1-10}$$

代入后应有:

$$m(\omega_0)^2 r + e(\omega r)B = m\omega_2^2 r \tag{1-11}$$

$$m(\omega_0)^2 r - e(\omega r)B = m\omega_1^2 r \tag{1-12}$$

即:

$$\omega_2^2 - (eB/m)\omega - (\omega_0)^2 = 0 \tag{1-13}$$

$$\omega_1^2 + (eB/m)\omega - (\omega_0)^2 = 0 \tag{1-14}$$

由于即便是最强的磁场下,ω(包括 ω_1,ω_2)和 ω_0 相差也很小,因此,$\omega_2 = \omega_0 + \Delta\omega$ 和 $\omega_1 = \omega_0 - \Delta\omega$,而 $\Delta\omega \ll \omega_0$,整理后可得:

$$\Delta\omega \approx eB/2m \tag{1-15}$$

$$\omega_2 = \omega_0 + eB/2m \tag{1-16}$$

或是

$$\omega_1 = \omega_0 - eB/2m \tag{1-17}$$

因此,外磁场的作用使电子的角速度增大或减小(与电子的圆周运动方向有关),因而使这个循环运行的电子的轨道磁矩增大或减小。在图 1-12(c)中,电子的角速度减小,电子的轨道磁矩也减小,但在图 1-12(d)中,电子的角速度增大,电子的轨道磁矩 μ_l 的量值也随之增大,两个磁矩不再相消。图 1-13(a)中,当外磁场不存在时,两个电子在原子中做相反方向的圆周运动的磁矩相互抵消;在图 1-13(b)中,当外磁场作用时,两个磁矩并不抵消。

由此可知,如果对一块抗磁性物质施加一磁场 B,那么在此物质中产生一磁矩,这个磁矩的方向与外加磁场 B 的方向相反。

② 顺磁性

如果组成材料的某种元素的原子或基团是具有原子磁矩的,并且原子磁矩间不存在相互作用,这种物质在无外磁场时,由于无规律的热运动,这些原子磁矩的取向是随机的,它们相互抵消,表现不出宏观磁矩的存在。当有外磁场存在时,这些原子磁矩在外磁场的作用下,尽量地沿外磁场方向取向,加强磁场,物质的这种磁性称为顺磁性。顺磁性物质的磁化率 $\chi > 0$,但数值较小。

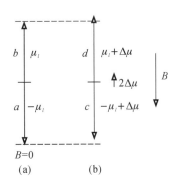

图 1-13　外磁场作用与否对磁矩的影响

物质的顺磁性主要来源于:(a)原子中未成对的电子;(b)奇电子数的分子,如 NO;(c)简并轨道半充满的分子,如 O_2 分子等;(d)过渡金属离子的磁性主要取决于它基态时的电子组态。

③ 铁磁性

顺磁性材料和抗磁性材料的磁化率都很小,称为弱磁性材料。而金属铁和金属钴等材料中每个原子的未成对电子数较多,原子磁矩较大,相邻原子磁矩间存在一定的特殊形式的相互作用,叫作交换耦合。这种相互作用使相邻原子的磁矩耦合在一起形成坚固的平行排列,交换耦合作用是一种纯粹的量子效应,它决不能用经典理论来"解释"。具有铁磁性的单质有 9 种:3 种为 3d 金属 Fe,Co,Ni;6 种为 4f 金属 Gd,Tb,Dy,Ho,Er,Tm。此外,还有许多合金和化合物具有铁磁性。

铁磁性物质的磁化率和温度的关系服从居里-外斯定律:

$$\chi = C/(T - T_c) \tag{1-18}$$

式中:C—— 居里常数;

　　T—— 热力学温度,单位为 K;

　　T_c—— 居里温度或居里点,单位为 K。

当温度高于 T_c 时,铁磁性将变成顺磁性;当温度低于 T_c 时,χ 和 T 的关系复杂。

④ 反铁磁性

MnO，Cr_2O_3，CoO 等为反铁磁性物质。当温度达到某个临界值 T_N（奈耳温度）以上，这类物质表现为顺磁性，当温度低于 T_N（奈耳温度）时，磁化率反而又随温度降低而下降。按常理，温度降低，晶体的热振动减弱，原子磁矩更倾向于沿着磁场方向排列，如若是像顺磁性和铁磁性物质则都会使磁化率增加。但在反铁磁物质中，由于磁矩间的作用，相邻原子的磁矩反平行排列。随着温度降低，反铁磁性相互作用增强，因而磁化率随温度降低而减小。反铁磁性材料在较高温度下具有顺磁性，当温度低于 T_N（奈耳温度）时表现为反铁磁性。

⑤ 亚铁磁性

亚铁磁性材料在技术上是一类非常重要的磁性材料。它们的内部磁结构与反铁磁性结构相同，但其相反排列的磁矩又不等量，其结果是在总体上仍有剩余的磁矩，像铁磁性材料一样，如 Fe_2O_3。

总结一下，可以得出以下结论：

a. 当组成物质的原子或分子不具有永久磁矩时，该物质呈抗磁性。

b. 当组成物质的原子或分子永久磁矩不为零时，它们之间没有相互作用，在没有外磁场存在时，原子磁矩的方向处于无规律状态，这种物质为顺磁性。

c. 若原子磁矩之间存在相互作用，使原子磁矩相互处于平行排列状态，这种物质为铁磁性。

d. 若原子磁矩之间存在相互作用，使相邻原子磁矩相互处于反平行排列状态，若相互反向的磁矩相等，为反铁磁性，若相互反向的磁矩不相等，为亚铁磁性。

图 1-14 表示了这五类物质磁性起源的磁结构。图 1-15 表示了各类物质磁化率与温度的关系。

（2）磁性物质在宏观磁性上的特征

抗磁性物质、顺磁性物质和反铁磁性物质的磁化率都很小，它们属于弱磁性物质，当一块永久磁铁靠近这些物质时，它们既不被排斥，也不被吸引。铁磁性物质或亚铁磁性物质属于强磁性物质，当一块永久磁铁靠近它们时，它们会被磁体所吸引和排斥。强磁性物质在宏观磁性上有三个特征：

① 它们具有高的磁化率，其大小为 $10 \sim 10^6$，比弱磁性物质的磁化率高百万倍。

② 它们的磁化率与外加磁场有十分复杂的依赖关系。即磁场强度 H 变化时，磁化强度 M 会出现非线性的或不可逆的变化。

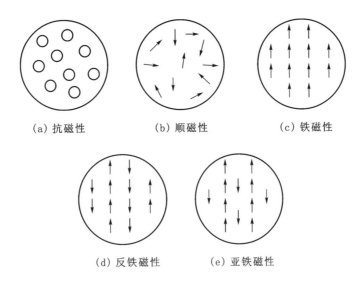

(a) 抗磁性　　　　　(b) 顺磁性　　　　　(c) 铁磁性

(d) 反铁磁性　　　　(e) 亚铁磁性

图 1-14　磁性起源的磁结构

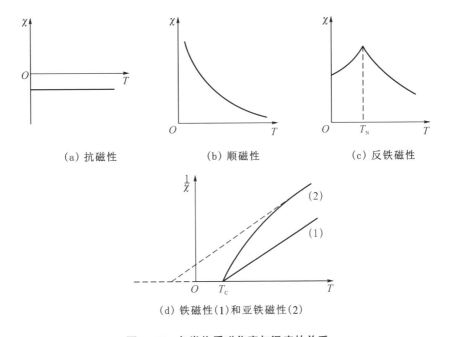

(a) 抗磁性　　　　　(b) 顺磁性　　　　　(c) 反铁磁性

(d) 铁磁性(1)和亚铁磁性(2)

图 1-15　各类物质磁化率与温度的关系

③ 在温度升高到一定临界温度时,强磁性会消失,转变为顺磁性。强磁性物质的实际应用很多,一般将强磁性物质称为磁性材料。强磁性物质的高磁化率是由于其内部的原子磁矩间存在特殊的相互作用,这种作用的本质是静电相互作用,称为交互作用。它克服了热运动的影响,使原子磁矩很有秩序地排列起来,称为磁有序。如果磁有序使相邻的原子磁矩平行的有序排列,称为铁磁性有序。这种由物质内部的交换作用而引起的原子磁矩有序排列称为自发磁化。

强磁性物质的自发磁化,使它获得高的磁化率。但在实际物质中,同一个方向的自发磁化只存在于一个个称为磁畴的小区域内。磁畴的尺寸为微米量级,它远小于材料的宏观尺度,但又大于微观的原子尺度,因而是一种亚微观结构。

在磁畴内部原子磁矩平行排列,存在着自发磁化。在未加磁场时,各个磁畴的取向不同,如图 1-16 所示。

所以整个材料的磁化强度为零。当外加磁场时,磁畴沿着磁场方向取向。将磁场加大到一定程度,所有的磁畴都沿着磁场方向取向,材料的磁化强度 M 将处于饱和状态。磁畴的结构使材料的自由焓达到最小,所以强磁性物质具有自发磁化,但不加磁场时仍表现不出强磁性。一般以 Fe,Co 和 Ni 为主体的磁性材料的交换作用能比磁作用高约 1 000 倍,大约相当于 1 000 K 的热能,所以它在居里点以下胜过热运动而维持磁有序。居里点即相当于交换能和热运动能相等时的温度。在居里点以上,交换能小于热运动能,不能保持磁有序,物质的强磁性就转变为弱磁性的顺磁性。

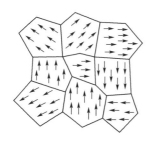

图 1-16　磁畴结构

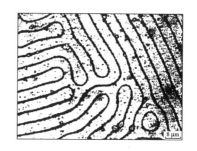

图 1-17　铁钇石榴石表面磁畴分布图

材料中的磁畴可以通过实验观测到。具体做法是在抛光的材料表面上涂一层很薄的、含有很细的磁性颗粒的液体,由于磁畴取向不同,在磁畴边界有较强的局域磁场,磁性颗粒集中在边界区域,显现出磁畴的边界。图 1-17 是铁钇石榴石表面磁畴分布图。

1.3　磁性材料

磁性材料是指专门利用它的磁性而生产的材料。磁性材料属于有永久磁矩，且具有强磁性的铁磁性或亚铁磁性材料，一般的钢铁虽带有磁性，但它归结为结构材料，不在此列。

磁性材料按磁化后保持磁化强度的能力，可分为永磁材料或软磁材料两大类：

① 永磁材料，又称硬磁材料，它具有较高的矫顽力和剩磁强度，磁化后能长时间保持磁化状态。实验室中使用的马蹄形磁铁、棒形条状磁铁和磁针等属于这一类，它们有固定的磁强度。在磁铁基础上发展的铁氧体、铝镍钴合金等使磁能积大大高于一般的磁铁；稀土永磁的开发，特别是铝铁硼磁性材料又进一步提高了它的磁性能，可应用于许多高新技术领域。

② 软磁材料是不能保持磁性的材料，例如电磁铁属于这一类。将线圈绕在一块软磁铁芯上，接通电源，铁芯就成了磁铁，断了电，铁芯完全失去磁性。常用的继电器就是利用电磁铁的这种磁性制成的。

下面将磁性材料分为几个方面进行讨论：

（1）永磁材料

永磁材料又称硬磁材料，是指一类经过施加外磁场磁化以后能长期保留其磁性的材料。磁性硬是指长期保留磁性的能力强，不容易失去，并不是指材料的力学硬度。永磁材料主要用作永磁体，提供稳定的磁场。性能优良的永磁材料表现为：磁性强，保持磁性的能力也强，而且磁性稳定，不受或不易受外界环境条件的影响。用磁学的术语来说，就是要求永磁材料具有高的最大磁能积 $[(BH)_m]$、高的剩磁、高的矫顽力（H_c）以及对温度等环境条件具有高的稳定性。永磁材料的这种特点和它的内部磁畴结构有关。当外加磁场作用于永磁材料时，磁畴沿磁场方向取向，加大磁场到一定程度，使全部磁畴都沿磁场方向取向，材料的磁化强度 M 将处于饱和状态，该过程如图 1-18 的曲线 Oa

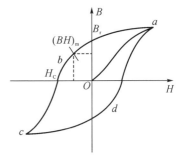

图 1-18　典型的磁滞回线示意图

所示。

当外磁场减小到零,沿原磁场方向的磁畴仍占主导地位,材料保留有一定的剩余磁化强度,即剩磁(B_r)。这时的材料施加反向磁场,将使磁畴反转,材料的磁化强度将下降,当反向磁场达到某一数值时,材料中正、反两个方向上磁畴的数目正好相等,材料的磁化强度为零,这时的反向磁场强度称为矫顽力(H_c)。如继续增加反向磁场材料中的次数,将促进营造反向排列并达到饱和,减小反向磁场或增加正向磁场,材料中的磁畴将逐渐沿反向排列,并达到饱和。在其后的过程,同样是减小反向磁场或增加正向磁场,都将重复上述过程,只不过方向相反而已,当材料又回到正向饱和状态时,磁场正好走完一个周期。材料的磁化曲线 $abcd$ 是一个闭合曲线,称为磁滞回线。图 1-18 是典型的磁滞回线示意图。磁化曲线和纵坐标的交点为材料的剩磁 B_r,与横坐标的交点为材料的矫顽力 H_c,在第二象限中磁场强度与磁感应强度乘积的最大值$(BH)_m$ 称为材料的最大磁能积,它为永磁材料单位体积中可利用的最大磁能密度。为经济地利用永磁材料,设计永磁器件使工作点处于$(BH)_m$附近提供依据。工程实际中磁滞回线有很多意义,本书将在后面再深入讨论。

20 世纪 30 年代,开始开发应用 Ni-Al-Co 体系的磁钢,其中典型的为 AlNiCo-V。20 世纪 50 年代开发的铁氧体[包括钡铁氧体($BaFe_{12}O_{19}$)和锶铁氧体($SrFe_{12}O_{19}$)],它的化学性能和物理性能稳定,价格低廉,获得了极其广泛的利用,使铁氧体生产更迅速。

随着大规模集成电路、电子计算机和航天技术的发展,对磁性材料提出了高性能、高密度等的要求,稀土永磁材料得到很大发展,稀土永磁材料于 20 世纪 60 年代问世,1970 年 $SmCo_5$ 商品化,现在第 4 代 SmFeN 系产品开始实用化,纳米复合交换弹簧磁体也开始实用化了。图 1-19 是一些强磁体开发的历史进程。我国已经探明的稀土储量约占世界总量的 43%,每年总产量占世界的 90%,具有优良的资源优势,对稀土永磁材料的研制和应用也取得许多经验和成果。

第 1 代稀土永磁材料的代表是 $SmCo_5$,它具有 $LaNi_5$ 型结构。第 2 代的代表是 $SmCo_{17}$,它的结构可以看作有 1/3 的 Sm 原子被 Co 原子有序置换。第 3 代的典型化学成分为 $Nd_2Fe_{14}B$,廉价的 Fe 取代了第 1、2 代的 Co,它属于四方晶系晶体,B 处于 6 个 Fe 原子形成的三棱柱中。有关稀土永磁材料的发展和性能列于表 1-3 中。

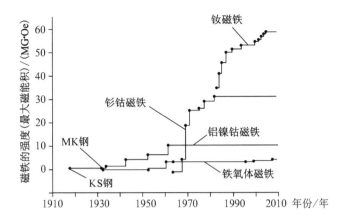

图 1-19 一些强磁体开发的历史进程($1\ MG \cdot Oe \approx 7.96\ kJ \cdot m^{-3}$)

表 1-3 稀土永磁材料的性能

简 称	成 分	商品化年代	磁能积 $(BH)_m/(kJ \cdot m^{-3})$	矫顽力 $H_c/(kA \cdot m^{-1})$	剩磁 B_r/T	居里温度 T_c/K
第 1 代	$SmCo_5$	1970	160	700	0.9	1 000
第 2 代	Sm_2Co_{17}	1977	240	510	1.1	1 193
第 3 代	$Nd_2Fe_{14}B$	1984	275	840	1.2	588
第 4 代	$Sm_2Fe_{17}N_3$	—	(470)	—		749
铁氧体			32	200	0.42	720

由表 1-3 可见,稀土永磁材料的磁能积和矫顽力极高,剩磁也很高,磁体的形状通常为小片状,小片的两端面为极面,因而非常完美地满足了对组件的轻、薄、短、小的要求。但由于稀土永磁材料含有易氧化的稀土元素,材料的耐腐蚀性能低。另外第 1、2 代的居里温度较高,第 3 代仅为 588 K,材料的使用温度低,使用范围受到一定限制。但第 3 代的主要成分是 Fe,价格低,大约只相当于钐钴合金的一半,将 Sm-Fe 合金破碎成粉末,在氮气中烧结成原子比(Fe：Sm：N)为 17：2：2.3,这种掺 N 增加原子间距的方法,可以提高其居里温度及热稳定性,很可能成为物美价廉的第 4 代稀土永磁材料。

(2)软磁材料

软磁材料是指外磁场中容易磁化又容易退磁的磁性材料,软磁材料的矫顽力很小(约 $1\ A \cdot m^{-1}$),矫顽力小意味着磁滞回线狭窄,它所包围的面积小,从而在交变磁场中的磁滞损耗小。软磁材料用作电感组件,如变压器、镇流器、动铁器件组件等的铁芯,以便切断电流后没有剩磁,还要求磁性材料磁导率高、电阻率大,以减少涡流损耗。重要的软磁材料有以下几类:

Fe-Si 合金 在钢铁合金中加入质量分数低于 4%的 Si(含 Si 高于 5%,会使材料脆性增加),可获得磁导率高,适宜于做变压器用的磁芯。加入 Si 可以降低磁晶各向异性常数和磁致伸缩系数,有利于降低矫顽力、提高电阻率,有利于降低涡流损耗。因 Fe-Si 合金都是在片状形式下应用,故称硅钢片。

Fe-Ni 合金 Fe-Ni 软磁合金性能优良,制造工艺要求精密,又因含 Ni 而成本高,故称为精密合金,一般应用于磁性要求高的场合。这类合金通称为坡莫合金。含 Ni 量为 30%～40%的软磁合金,电阻率较高,经过适当的冷轧和热处理,可显著提高其起始磁导率;含 Ni 量为 45%～58%的软磁合金可获得高的饱和磁导率;含 Ni 量为 75%～ 80%的软磁合金称为超坡莫合金,可获得很高的磁导率,其最大的磁导率可达到 3×10^5。Fe-Ni 合金软磁材料用于磁泡内存、薄膜磁头、耐磨磁头和高效磁芯等。在磁性材料的分类讨论中,常常不是以材质来分类的,而是以保持磁化强度的能力来区分的。同样的一种材料,可以是硬磁材料,也可以是软磁材料。

这里就要着重再讲一些有关铁氧体的内容。铁的氧化物和一种或几种其他金属氧化物组成的复合氧化物,化学式为 MFe_2O_3,其中 M 为一种或多种二价金属(如:BaO,MnO,ZnO 等),都称为铁氧体。铁氧体磁性材料中,有硬磁性材料、软磁性材料、旋磁材料、矩磁材料、压磁材料及其他铁氧体材料。铁氧体从结构上来说,属于尖晶石型。它的特点是电阻率高,一般可达 $1 \sim 10^4 \Omega \cdot m$,特别适合于高频范围(千赫到兆赫)下应用。铁氧体中硬磁、软磁、矩磁三种用得较多。这在后面还要详细介绍。图 1-20 是铁氧体的硬磁材料、软磁材料和矩磁材料的比较。

近年来,由于信息工业的发展,也有人专门来讨论信息磁性材料。所谓的信息磁性材料中包括磁记录材料、磁光材料、磁致伸缩材料等。

那么这些磁材料的使用成本以及特性如何呢?

铁氧体:性能低和中,价格最低,温度特性良,耐腐蚀,性能价格比较好。

钕铁硼:性能最高,价格中,强度好,不耐高温和腐蚀。

钐钴:性能高,价格最高,脆,温度特性优,耐腐蚀。

铝镍钴:性能低和中,价格中,温度特性优,耐腐蚀,耐干扰性差。

钐钴、铁氧体、钕铁硼可用烧结和黏结方法制造,烧结磁性能高,成型较差,

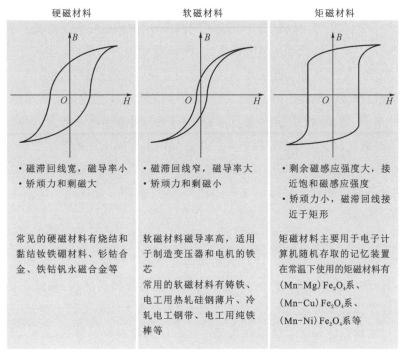

硬磁材料	软磁材料	矩磁材料
• 磁滞回线宽，磁导率小 • 矫顽力和剩磁大	• 磁滞回线窄，磁导率大 • 矫顽力和剩磁小	• 剩余磁感应强度大，接近饱和磁感应强度 • 矫顽力小，磁滞回线接近于矩形
常见的硬磁材料有烧结和黏结钕铁硼材料、钐钴合金、铁钴钒永磁合金等	软磁材料磁导率高，适用于制造变压器和电机的铁芯 常用的软磁材料有铸铁、电工用热轧硅钢薄片、冷轧电工钢带、电工用纯铁棒等	矩磁材料主要用于电子计算机随机存取的记忆装置在常温下使用的矩磁材料有$(Mn-Mg)Fe_2O_4$系、$(Mn-Cu)Fe_2O_4$系、$(Mn-Ni)Fe_2O_4$系等

图 1-20　几种磁性材料的比较

黏结磁铁成型性好,性能降低很多。AlNiCo 可用铸造和烧结方法制造,铸造磁铁性能较高,成型性较差,烧结磁铁性能较低,成型性较好。

下面比较一下上述这几类磁体的工艺特点:

① 铁氧体(图 1-21)。它的主要原料包括 $BaFe_{12}O_{19}$ 和 $SrFe_{12}O_{19}$。通过陶瓷工艺法制造而成,质地比较硬,属脆性材料,由于铁氧体磁铁有很好的耐温性、价格低廉、性能适中,已成为应用最为广泛的永磁体。其特性是具有较高的磁性能,较好的时间稳定性和较低的温度系数。铁氧体广泛应用

图 1-21　铁氧体磁体

于电表、仪表、电机、自动控制、微波器件、雷达和医疗器械等。铁氧体充磁方向:可轴向、径向或按要求充磁。铁氧体磁铁形状:可生产圆柱形、圆环形、长方体形、扁形、瓦形、斧状。

② 铝镍钴磁体。铝镍钴磁体是由铝、镍、钴、铁和其他微量金属元素构成的一种合金。铸造工艺可以加工生产成不同的尺寸和形状，可加工性好。铸造铝镍钴永磁产品有着最低可逆温度系数，工作温度可高达 600 ℃以上。铝镍钴永磁产品广泛应用于各种仪器仪表和其他应用领域。铝镍钴磁铁的分类：可分为铸造铝镍钴和烧结铝镍钴两大类。铸造铝镍钴的产品主要应用于汽车零件、仪器仪表、电声、电机、教学、航空航天、军用等领域，具有温度系数低、耐高温、耐潮湿、不易氧化以及工作稳定性好等优点。烧结铝镍钴采用粉末冶金的方法生产而成，适合于生产形状复杂、轻、薄、小的产品，广泛应用于仪器仪表、通信、磁电开关及各种传感器。铝镍钴磁铁形状：可生产圆柱形、圆环形、长方体形、扁形、瓦形、马蹄形。

③ 钐钴磁体。钐钴磁体又称钐钴磁钢、钐钴永磁体、钐钴永久磁铁、钐钴强磁铁、稀土钴永磁等。它是由钐、钴和其他金属稀土材料经配比，熔炼成合金，经粉碎、压型、烧结后制成的一种磁性材料。它具有高磁能积、极低的温度系数。最高工作温度可达 350 ℃，负温不限，在工作温度 180 ℃以上时，其最大磁能积及温度稳定性和化学稳定性均超过钕铁硼永磁材料。钐钴磁体具有很强的抗腐蚀和抗氧化性，所以被广泛应用在航空航天、国防军工、微波器件、通信、医疗设备、仪器、仪表、各种磁性传动装置、传感器、磁处理器、电机、磁力起重机等。钐钴磁铁的生产流程：配料→熔炼制锭→制粉→压型→烧结回火→磁性检测→磨加工→切削加工→成品。钐钴磁铁形状：圆片、圆环、方片、方条、瓦形，特殊形状可根据要求加工。

这里再介绍一下，用于喇叭的磁体如何选择？市场上的喇叭磁主要有铝镍钴、铁氧体和钕铁硼三类：

① 铝镍钴是喇叭最早使用的磁体，如 20 世纪 50、60 年代的号筒喇叭（大家称为高音喇叭）。一般制成内磁式喇叭（外磁式也可用）。其缺点是功率较小，频率范围也较窄，坚硬而且很脆，加工很不方便，此外钴是稀缺资源，铝镍钴价格比较高。从性价比角度，喇叭磁铁选用铝镍钴的比较少。

② 铁氧体一般制成外磁式喇叭，铁氧体磁性能相对较低，需要有一定的体积才能满足喇叭的驱动力，所以一般用在体积较大的音响喇叭上。铁氧体的优点在于价格便宜，性价比高；缺点是体积较大，功率较小，频率范围较窄。

③ 钕铁硼的磁性能要远远优于铝镍钴和铁氧体，是目前喇叭上使用最多的磁体，尤其是高端喇叭（图1-22）。其优点是同等磁通量下其体积小，功率大，频

率范围宽,目前 HiFi 耳机(高保真耳机)基本上用此类磁体。其缺点是因为含有稀土元素,所以材料价格较高。

选择喇叭磁铁时需要考虑的几个因素:

首先,需要明确喇叭工作时所处的环境温度,根据温度确定应选择哪种磁体。不同的磁体耐温度特性不同,能支持的最大工作温度也不同。当磁体工

图 1-22 钕铁硼磁体

作环境温度超出最大工作温度时,可能会出现磁性能衰减、退磁等现象,会直接影响喇叭的发声效果。其次,要综合考虑磁通需求和磁体体积来选择喇叭磁。有人问是不是喇叭磁铁越大声音越好? 其实不然,喇叭并不是磁铁越大越好。从磁体性能对喇叭声音输出质量的影响中我们可以发现,磁体的磁通量对喇叭音质的影响非常大,同体积的情况下,磁体性能:钕铁硼>铝镍钴>铁氧体;在同样磁通量的要求下,钕铁硼磁体所需体积最小,铁氧体最大。同样的磁性材料(同材质且同性能),直径越大,磁感应强度越大,喇叭的功率相对就越大,喇叭的灵敏度也相对更高,瞬态回应越好。因此需要综合考察喇叭体积对磁体体积的限制和对磁体磁通性能的要求来确定选择哪种磁性材料。

第二章

电声器件中常用磁材料的介绍

常用的磁材料中,从形状上来分类,有块状材料,阵列块状组合材料,薄膜磁性材料,夹层磁性材料(包括:常见的永磁材料中的巨磁阻、超巨磁阻材料……),磁流变体材料。从性能上来分类,又有生物磁性材料,电、磁屏蔽材料等多种。我们着重介绍电声器件中常用的几类材料。

2.1 钕铁硼材料

现在常用的强磁性的工程材料是钕铁硼稀土材料。钕铁硼强磁铁是按钕(Nd)2 个原子,铁(Fe)14 个原子,硼(B)1 个原子的比例排列结合而成的强磁铁。其中,铁是强大的磁力来源,钕原子是固定铁原子,防止磁性逆转稳定磁场的,硼原子是通过与铁原子结合而增强磁力的。图 2-1 是钕铁硼强磁铁的结构图。钕磁铁不是一个大的固体块状物,它是许多极小的孤立晶粒的集合体。而且相邻晶粒间被富含钕元素层(富钕相层)分割开。钕磁铁有两大弱点:一是不耐高温。温度高时会出现磁力反转的"逆磁畴",温度高过 200 ℃时会失去磁性,曾有人在其中添加镝元素,耐温虽上升了,但磁力却下降了。二是钕元素易氧化,一般是用镀层包裹来减少氧化。为了寻求更强磁性的钕磁铁,改进钕磁铁性能的方法有:一是使晶粒变小,让逆磁畴的"芽"难以形成,让富钕相均等,从而使相邻晶粒间完全孤立,也就是通过晶粒微细化,提高矫顽力。二是为防止钕元素氧化,必须在钕元素不被氧化的条件下,成功地加工出 1 μm 粒径的微粒。图 2-2 是不同粒径的钕铁硼材料。

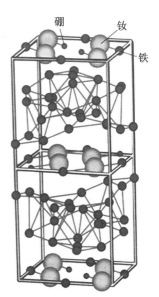

图 2-1 钕铁硼强磁铁的
结构图

$1~\mu m$ 粒径的微粒钕铁硼的矫顽力是 $5~\mu m$ 粒径的微粒钕铁硼的矫顽力的1.5倍。

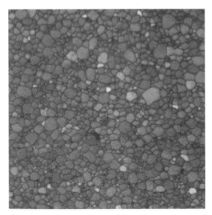 

(a) 1 μm粒径的微粒　　　　　　　(b) 5 μm粒径的微粒

图 2-2　不同粒径的钕铁硼材料

矫顽力与富钕相关系密切,图 2-3 是不同粒径下直接观察"富钕相"形成的性能层,直接观察富钕相,形成性能良好的层,图(a)为矫顽力小的富钕相,图(b)为矫顽力大的富钕相,其富钕相达 2 nm 左右,它使非晶粒之间的磁性结合变弱,从而才会提高矫顽力。目前,钕磁铁是最强磁的磁铁。今后能否出现超过钕磁铁的更强的磁铁呢?有专家提出:一是钕磁铁仍是当今最强磁的磁铁的主流。但也会有一些改进,例如有人做出了钕铁氮强磁铁,并称其性能超过钕铁硼强磁铁。二是由于电子理论与计算科学的发展并指导深入研究磁性材料,也不能完全排除异于钕铁硼的新型更强磁铁出现的可能。据最近报道,捷克奥洛穆茨帕拉茨基大学一个科学团队利用石墨烯研制出了世界上最小的金属磁铁,他们成功地对石墨烯进行化学改性,捕捉到了超微小的金属纳米粒子。

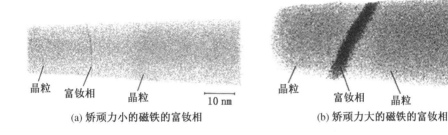

晶粒　　富钕相　　晶粒　　　10 nm　　　　晶粒　　富钕相　　晶粒　　　10 nm

(a) 矫顽力小的磁铁的富钕相　　　　　　(b) 矫顽力大的磁铁的富钕相

图 2-3　不同粒径下直接观察的"富钕相"形成的性能层

他们表示"这帮助我们得以创造出一类新的非常强大且能在大气层中保持稳定的磁铁。"

有人担心,钕铁硼磁性纳米颗粒在小于一定大小时,是否也会失去其稳定的磁序(变成超级顺磁性);在这一大小,每个颗粒将磁矩保持在一定方向的各向异性磁能变得与热能相仿。信息存储行业正在努力寻找绕过这一"超级顺磁极限"的方法。新发现的效应涉及以铁磁性和反铁磁性材料之间磁交换耦合的形式诱导产生一个外部的各向异性源。在试验系统中,把直径为 4 nm 的铁磁性钴纳米颗粒植入一个顺磁性基质中时在 10 K 失去其磁矩,但在一个反铁磁性基质中时在 290 K 才失去其磁矩。该方法应当适用于任何类型的纳米颗粒体系,包括软材料、硬材料、氧化物和金属,所以能够说明人们在各种不同材料中克服超级顺磁极限。现在也有不少人做该方面的研究,现介绍几个专利:

(1) 专利 1

本发明公开了一种溶胶-凝胶工艺制备钕铁硼纳米永磁材料的方法。其特征在于将乙酰丙酮钕、乙酰丙酮铁、硼酸乙酯溶于无水乙醇中,搅拌均匀形成溶胶,然后与氨水共置于密闭的容器内形成凝胶,烘干使之成为干凝胶,研磨、退火处理得到钕铁硼氧化物,在氢气与氩气的混合气氛下进行还原,冷却后即得到钕铁硼纳米永磁材料。本发明提供了一种溶胶-凝胶工艺制备钕铁硼纳米永磁材料的简易方法,所得材料性能均匀,颗粒尺寸可控。

(2) 专利 2

本发明提供一种纳米改性制备钕铁硼永磁材料的方法,包括如下步骤:①将NdFeB磁粉熔炼,利用薄带连铸技术制成厚度小于 400 μm 的快淬厚带;②快淬厚带在常温下吸氢,之后在真空脱氢;③经过气流磨制成平均粒度小于 10 μm 的粉末;④在稀有气体下采用蒸发冷凝法分别制备 Dy、Tb、Cu 纳米粉末,平均粒度小于 100 nm;⑤将 Dy、Tb、Cu 纳米粉末和磁粉按比例混合,其中,纳米粉末掺杂的比例范围 0.5%~8%(质量的百分比),余量为磁粉;⑥将上一步骤得到的混合粉通过高能球磨在稀有气体下混匀 2~3 h;⑦将上一步骤得到的混匀的掺杂磁粉在脉冲磁场之中取向和成型,然后在 800~1 250 ℃ 烧结,进行热处理。

(3) 专利 3

本发明公开了一种纳米钕铁硼磁性材料的制备方法,该磁性材料具备如下合金成分:$(Pr_x Nd_{1-x})_a (Fe_{1-x-y} Mn_y Si_z)_{(10-a-b-c)} B_b P_c$,其中 $x = 0.23 \sim 0.33$, y

$=0.15\sim0.18$，$z=0.03\sim0.04$，$a=29\sim31$，$b=2.5\sim2.8$，$c=1\sim2$。本发明制备的磁性材料,通过并设定适合的原料比例,在降低制造成本的同时,提高了该永磁材料的饱和磁化强度和矫顽力,在原有纳米双相复合永磁材料中添加 P 元素,由此优化母合金铸锭的成分,同时控制母合金熔体喷射到铜轮上的速度来调整冷却速度,直接制备出性能优异的 NdFeB 纳米双相复合磁性材料。

2.2　铁氧体材料

（1）简介

铁的氧化物和一种或几种其他金属氧化物组成的复合氧化物（如 $BaO\cdot6Fe_2O_3$、$MnO\cdot Fe_2O_3$、$ZnO\cdot Fe_2O_3$ 等）等称为铁氧体。具有亚铁磁性的铁氧体是一种强磁性材料,通称为铁氧体磁性材料。$FeO\cdot Fe_2O_3(Fe_3O_4)$ 是最简单、世界上应用最早的天然铁氧体磁性材料。铁氧体磁性材料可分为软磁、硬磁（包括黏结）、旋磁、矩磁和压磁及其他铁氧体材料。它们的主要特征是:软磁材料的磁导率高、矫顽力低、损耗低;硬磁材料的矫顽力（H_c）高、磁能积（BH）$_m$ 高;旋磁材料具有旋磁特性,即电磁波沿着恒定磁场方向传播时,其振动面不断地沿传播方向旋转的现象,旋磁材料主要用于微波通信器件;矩磁材料具有矩形的 B-H 磁滞回线,主要用于计算机存储磁芯;压磁材料具有较大的线性磁致伸缩系数 λ_s。铁氧体磁性材料在计算机、微波通信、电视、自动控制、航空航天、仪器仪表、医疗、汽车工业等领域得到了广泛的应用,其中用量最大的是硬磁与软磁铁氧体材料。

（2）铁磁性材料的原理

一般金属磁性材料的磁性是由相邻磁性原子之间直接电子自旋的交换作用所形成的。铁氧体材料两个磁性离子间的距离比较远,并且中间夹着氧离子,因此形成铁磁性的电子自旋的交换作用,是由于氧离子的存在而形成的。这种类型的交换作用,在铁磁学理论中称之为超交换作用。由于超交换的作用,氧离子两旁磁性离子的磁矩呈反方向排列,许多金属氧化物的反铁磁性,即是由此而来。如果反方向排列的磁矩不相等,有剩余磁矩表现出来,那么这种磁性称为亚铁磁性,或称铁氧体磁性。由于铁氧体材料中氧离子与磁性离子之间的相对位置有很多,彼此之间均有或多或少的超交换作用存在。研究表明,氧离子与金属离子间距较近,而且磁性离子与氧离子间的夹角成 $180°$ 左右时,超交换作用最强。铁氧体中磁性离子的排列方向,主要根据最强超交换作用,因此铁氧体材料的磁性能,不但与结晶结构有关,而且与磁性离子在结晶结构中的分布情况有关。改变铁氧体中磁性离子或非磁性离子的成分,可以改变磁性离子在结晶结构中的分布。此外在铁氧体制备过程中,烧结的工艺条件也对磁性离子的分布有影响。因此为了掌握铁氧体材料的基本特征,必须了解各种铁氧体的结晶结构,金属离子在结晶结构中的分布情况,以及如何改变它们的分布情况。

(3) 铁氧体磁性材料的分类和制备

铁氧体磁性材料的用途和品种,随着生产的发展已经越来越多。根据应用情况,可把铁氧体分为软磁、硬磁、旋磁、矩磁和压磁等五大类:

① 软磁材料

软磁材料是指在较弱的磁场下,易磁化也易退磁的一种铁氧体材料。软磁材料的典型代表是锰锌铁氧体(Mn-$ZnFe_2O_4$)和镍锌铁氧体(Ni-$ZnFe_2O_4$)。软磁铁氧体是各种铁氧体中用途较广、数量较大、品种较多、产值较高的一种铁氧体材料。当前世界上成批生产的有几十种,年产量已达数万吨以上。

软磁铁氧体主要用作各种电感组件,如滤波器磁芯、变压器磁芯、天线磁芯、偏转磁芯以及磁带录音和录像磁头、多路通信等的记录头的磁芯等。

一般软磁铁氧体的晶体结构都是立方晶系尖晶石型,应用于音讯至甚高频段($10^3 \sim 3 \times 10^8$ Hz)。但是具有六角晶系磁铅石型晶体结构的软磁材料却比尖晶石型的应用频率上限提高了好几倍。

② 硬磁材料

硬磁材料是相对于软磁材料而言的。它是指磁化后不易退磁,而能长期保留磁性的一种铁氧体材料。因此,有时也称为永磁材料或恒磁材料。

硬磁材料的晶体结构大都是六角晶系磁铅石型。其典型代表为钡铁氧体($BaFe_{12}O_{19}$)(又称钡恒瓷、钡磁性瓷),它是一种性能较好、成本较低而又适合工业生产的铁氧体硬磁材料。

这种材料不仅可以用作电信器件中的录音器、微音器、拾音器、电话机以及各种仪表的磁铁,而且在污染处理、医学生物和印刷显示等方面也得到了应用。

硬磁铁氧体材料是继铝镍钴系硬磁金属材料后的第二种主要硬磁材料,它的出现不仅节约了镍、钴等大量战略物资,而且为硬磁材料在高频段(如电视机的部件、微波器件以及其他国防器件)的应用开辟了新的途径。

③ 旋磁材料

磁性材料的旋磁性是指在两个互相垂直的直流磁场和电磁波磁场的作用下,平面偏振的电磁波在材料内部按一定方向传播的过程中,其偏振面会不断绕传播方向旋转的现象(图 2-4),这种具有旋磁特性的材料就称为旋磁材料。

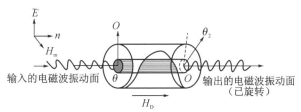

(E 为电场,　H_D 为直径磁场,　n 为传播方向,　H_m 为电磁波磁场)

图 2-4　旋磁性示意图

金属磁性材料虽然也具有旋磁性,但由于电阻率较小,涡流损耗太大,电磁波不能深入内部,而只能进入厚度不到 $1\ \mu m$ 的表皮(也称为趋肤效应),所以无法利用。因此磁性材料旋磁性的应用,成为铁氧体独有的领域。

旋磁现象实际上被应用的波段为 $100 \sim 100\ 000\ MHz$(或米波到毫米波的范围内),因而铁氧体旋磁材料也称为微波铁氧体。常用的微波铁氧体有镁锰铁氧体($Mg\text{-}MnFe_2O_4$)、镍铜铁氧体($Ni\text{-}CuFe_2O_4$)、镍锌铁氧体($Ni\text{-}ZnFe_2O_4$)以及钇石榴石铁氧体($3Me_2O_3 \cdot 5Fe_2O_3$)(Me 为三价稀土金属离子,如 Y^{3+}、Sm^{3+}、Gd^{3+}、Dy^{3+} 等)。

旋磁材料大都与输送微波的波导管或传输线等组成各种微波器件,主要用于雷达、通信、导航、遥测、遥控等电子设备中。

④ 矩磁材料

矩磁材料是指一种具有矩形磁滞回线的铁氧体材料,如图 2-5 所示。磁滞回线是指外磁场增大到饱和场强($+H_s$)后,由 $+H_s$ 变到 $-H_s$ 再回到 $+H_s$ 往返一周的变化中,磁性材料的磁感应强度也相应由 $+B_s$ 变到 $-B_s$ 再回到 $+B_s$,所经历的闭合循环曲线。最常用的矩磁材料有镁锰铁氧体($Mg\text{-}MnFe_2O_4$)和锂锰铁氧体($Li\text{-}MnFe_2O_4$)等。

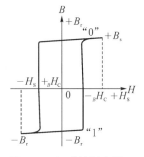

图 2-5　矩磁性示意图

这类材料主要用作各种类型电子计算机的内存磁芯,在自动控制、雷达导航、宇宙航行、信息显示等方面也得到不少的应用。

尽管新出现的内存种类很多,但是由于铁氧体矩磁材料的原料丰富、工艺简便、性能稳定、成本低廉,所以磁性内存(尤其是磁芯内存)在计算技术中仍占有极重要的地位。

⑤ 压磁材料

压磁材料是指磁化时能在磁场方向作机械伸长或缩短(磁致伸缩)的铁氧体材料。目前应用最多的是镍锌铁氧体($Ni-ZnFe_2O_4$)、镍铜铁氧体($Ni-CuFe_2O_4$)和镍镁铁氧体($Ni-MgFe_2O_4$)等。

压磁材料主要用于电磁能和机械能相互转换的超声和水声器件、磁声器件以及电信器件、水下电视、电子计算机和自动控制器件中。

压磁材料和压电陶瓷材料(如钛酸钡等),虽然有着几乎相同的应用领域,但是由于各自具有不同的特点,而在不同的条件下得到应用。一般认为铁氧体压磁材料只适用于几万赫的频段以内,而压电陶瓷材料的适用频段却要高得多。

除了上面按用途分类外,根据其化学成分的不同,铁氧体又可分为 Ni-Zn、Mn-Zn、Cu-Zn 铁氧体等。同一化学成分(系列)的铁氧体可以有各种不同的用途,如 Ni-Zn 铁氧体既可作为软磁材料又可作为旋磁或压磁材料,只不过在配方和工艺上有所改变而已。

(4) 铁氧体磁性材料的制备

铁氧体材料性能的好坏,虽然与原料、配方、成型和烧结等四个环节密切相关,也是铁氧体工艺原理重点研究的问题。但是在同一配方原料与工艺过程下制成的铁氧体材料,其性能却有很大的差别。这主要由于各个具体工艺环节中(如球磨、成型与烧结等)的具体质量有所不同。因此如何充分发挥各个工艺环节的作用及提高质量是提高铁氧体材料的一个关键问题。通常情况下,铁氧体多晶材料采用粉末冶金法制造。近年来,铁氧体材料的大规模生产技术和设备在国外又有了更大的发展。日本 TDK 公司采用从配料到物料铁氧体全部封闭的管道化生产方式,净化了生产环境,提高了生产效率,改善了人工的劳动条件,使铁氧体材料性能的一致性和稳定性得到了保障,达到了大规模现代化产业的要求。另外,为了获得更高性能铁氧体材料,多采用化学法制备高质量的铁氧体材料。如用酸盐混合热分解法、化学共沉淀法、喷射燃烧法和电解共沉淀法等。化学法可以克服粉末冶金法的固相反应不易完善、粉末混合不均匀以及分离不易过细和原料的活性对产品性能影响很大的缺点,从而可以显著提高铁氧体材料的性能。其缺点是成本较高,工艺相对比较复杂。随着近代磁记录工业和微波器件的迅速发展,铁氧体多晶材料已不能满足要求。近年来又出现了铁氧体单晶的制备工艺,并达到了规模生产的程度。如采用布里兹曼法(即温度梯度法)可生长出重达几千克的 Mn-Zn 铁氧体单晶,用于磁记录技术中使用的磁头的制作。另外,微波器件和磁光器件中使用石榴石型铁氧体单晶材料也是相当多的。一般用于生产铁氧体单晶的主要工艺方法有温度梯度法、提拉法、水热法、浮区法、熔盐法和焰熔法等。由于磁记录技术、磁光技术和微波集成等新技术的迅速发展,对于多晶、单晶和非晶与纳米晶态磁性薄膜材料的研究和应用日益受到重视,其制备的工艺方法也得到了快速的发展,通常被采用的磁性薄膜的制备方法主要有液相外延法、化学气相沉淀法、溅射法、激光沉淀法和蒸发法等。用量最多的软磁性和各向同性的硬磁铁氧体材料,其制备工艺过程主要有 6 道工序:配料—混合—预烧—成型—烧结—热处理。以下具体介绍前 5 道工序。

① 配料

按照一定的配方(根据过去的实践经验和理论认识决定所需要的化学成分以及所需要的化学原料),算出各种化学原料的具体用量,并将其足够准确地称量出来。绝大多数情况下,化学原料是金属氧化物或碳酸盐,少数情况下用可溶性的硝酸盐、硫酸盐或草酸盐。

② 球磨混合

铁氧体制造过程中的粉碎工序,与其他化工制造工艺的粉碎工序一样,按配方要求称量好各种化学原料之后,根据原料颗粒尺寸的大小及粉碎后尺寸大小的要求选用不同的粉碎机械。由于铁氧体的原料一般为化工原料,它们的粉粒已经非常细,可以直接进行细磨。在铁氧体制备过程中,为了提高产品质量,常常采取预烧工序。为了在预烧过程中使固相化学反应完全,在预烧之前压成毛坯,经预烧后坯料已形成了铁氧体,因此质地很硬,为此需要经过粗碎和中碎,才能进行细磨工序。由于在铁氧体制备工艺中,相对细磨工序粗、中碎机应用得比较少。因此我们在此主要讨论粉碎工序中的细磨工序,通常细磨所使用的机械有滚动球磨式和振动球磨式的球磨机。

③ 预烧

将混合后的配料在高温炉中加热,促进固相反应,形成具有一定物理性能的多晶铁氧体。这种多晶铁氧体也称为烧结铁氧体。这种预烧过程是在低于材料熔融温度的状态下,通过固体粉末间的化学反应来完成的固相化学反应。在固相反应中,一般来说,铁氧体所用的各种固态原料,在常温下是相对稳定的,各种金属离子受到晶格的制约,只能在原来的结点做一些极其微小的热振动。但是随着温度的升高,金属离子在结点上的热振动的振幅越来越大,从而脱离了原来的结点发生了位移,由一种原料的颗粒进入另一种原料的颗粒中,形成了离子扩散现象。

④ 成型

经过预烧已生成了铁氧体材料,通常把它做成粒料,近年来的厂家专门按照用户或后续工厂要求生产各种性能的铁氧体粒料。成型工序就是将预烧后的粒料压成产品所要求的各种各样的形状,形成一定的坯体。成型也是保证产品质量的一个重要环节。由于铁氧体产品的种类很多,大小各异,成型方法也各不相同。一般生产中常用的成型方法有,干压成型、热压铸成型、等静压成型等,其中以干压成型最为普遍。

⑤ 烧结

铁氧体材料的烧结温度,一般为 1 000～1 400 ℃。由于铁氧体烧结时周围气氛对性能影响很大。如前所述,铁氧体生成时的固相化学反应,不能在还原气氛中进行。因此通常铁氧体材料的烧结在硅碳棒加热的电炉(窑)内进行。对于某些有特殊要求的铁氧体材料,必须在特殊的炉子中烧结,如高磁导率的锰锌铁氧体,必须在真空炉中烧结,钇铁石榴石多晶铁氧体必须在 1 400 ℃以上的炉子中烧结。烧结过程中均要发生化学变化和物理变化。

2.3 磁流体(磁液)材料

2.3.1 磁流体(磁液)材料

磁液(又称磁流体)是具有磁性的一类特殊胶体,是由纳米磁性微粒均匀分散在载液中形成的稳定胶体溶液。磁液在磁场的作用下可以自动定位,而不会四处流动。磁液的英文名称:Ferrofluid,由两部分组成。"Ferro"来源于拉丁语 Ferrum,意思是铁;"Fluid"则是流体。Ferrofluid 这个词很晚才被收入英文词典。它的中文译名有:铁磁流体、磁性流体、磁流体、磁液等。为简便,以下就统称为"磁液"。它是流动状态下的磁性体,但磁液不是恒磁材料,而是超顺磁性的材料。在扬声器中使用的磁液是一种褐如酱油的液体。它是由超细磁性微粒高度弥散在碳氢化合物或酯类的基液中,呈胶糊状。磁液是一种稳定的胶体,其主要成分有:磁性微粒、载液和分散剂(表面活性剂)(图 2-6)。

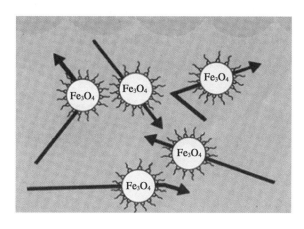

图 2-6　磁液主要成分示意图

球状纳米磁性材料表面包裹着分散剂,均匀地分散于载液中,其中的超细磁性微粒是 Fe_3O_4 材质的材料,其一般以平均直径为 10 nm 的超细微粒形态存在于磁液中。用于音响级的磁液有两种:合成烃类和合成酯类油脂。这两种油都具有极低的挥发率和极高的热稳定性。而使用的分散剂(表面活性剂)包裹在磁性微粒的表面使粒子能在液态载体中形成一个相当稳定的胶体,即使在强磁场中也不会凝聚在一起。通过改变磁液中的磁性物质的含量,以及使用不同的载液,可以定制出各种性能的磁液,满足不同的需要。磁液的饱和磁化强度取决于磁性物质的性质以及单位体积所含的磁性物质的量。磁液的黏度主要取决于载液的黏度。其物理和化学性质,与载液的理化特性密切相关。经适当的表面活性剂处理,以保证其在基液中可均匀弥散,即使在注入扬声器磁路间隙后长期使用,也不会凝聚成团或干涸。这种磁液中的胶状悬浮物,既具有液体的黏滞性[黏度为几十到一万厘泊(cP)],同时又因为它是磁性微粒,因此它又有导磁性能。磁液对音圈有定位支撑作用,又因其导热系数高,其热传导效率要达到空气的 6 倍,因而也有人称之为"磁液冷却"了。磁液对扬声器频响特性、阻抗特性、瞬态热传输特性等都有影响。总之,磁液的作用主要有以下几方面：

(1) 提高扬声器的热功率承受力

在很多情况下扬声器承受的功率是由音圈的耐热性决定的。因为加给扬声器的电能大部分将在音圈中转换为焦耳热被消耗掉，随着扬声器输入功率的增加，音圈的温度将明显上升，可能会烧毁音圈。假如在磁气隙中的音圈里外注入磁液，由于磁液的热传导效率是空气的 6 倍，因此，音圈产生的高热极易通过磁芯、夹板、磁体散发到周围空气中去。这就是国内外专业书刊称之为"磁液冷却"的工艺。从功率放大器输送到扬声器的能量大约只有不到 5% 转变为声能，大部分的能量会在音圈上转变成热能。如果不能及时和有效地将热量散发掉，过大的输入功率会使音圈烧毁。而磁液的导热能力比空气约高 5 倍，它大大降低了音圈和前后夹板之间的热传导阻力，从而降低了音圈的瞬态和稳态工作温度，提高了扬声器的功率承受能力。

(2) 提供阻尼，简化无源分频器设计

磁隙中的磁液对运动中的音圈施加了一个机械阻力，阻尼的大小与磁液的黏度成正比。使用恰当黏度的磁液，可以使扬声器的频率响应曲线（在谐振频率附近）变得比较平滑，并在一定程度上抑制频率高端的分割振动。在某些"简单分频"（例如汽车同轴高音扬声器）的应用中，工程师使用黏度比较高的磁液来抑制音圈振幅，降低频响曲线低端的响应，从而简化分频器设计，可少用价格昂贵的电阻、电容和电感等元器件，使音圈在磁气隙里保持中心位置（定中）和平衡运动。

当音圈在振动中发生"摇摆"时，磁液会给音圈一个支撑力，使其平衡运动。当音圈发生径向位移时，磁液会给音圈一个复位力，它的大小与位移成正比。虽然这个力只是扬声器悬挂系统所能提供力的几分之一，但是仍然足以影响运动中的音圈，使其保持中心位置。这个复位力的系数 K（单位：N/m）由下列公式给出：

$$K = 2M_s H_m h t / r \tag{2-1}$$

式中：M_s——饱和磁化强度 A，单位为 T(MKS 制的磁通密度单位)，1 T = 1 N/(A·m)；

H_m——气隙中最大磁场强度，单位为 A/m；

h——气隙中磁液高度，单位为 m；

　　t——气隙宽度,单位为 m;

　　r——气隙半径,单位为 m。

　　假定一个 25 mm 球顶高音的典型参数是: $B_s = 0.01$ T, $H_m = 1.2 \times 10^6$ A/m, $h = 0.003$ m, $t = 0.0003$ m, $r = 0.0127$ m,那么,常数 $K \approx 1.7$ N/m。

　　(3) 降低失真与频谱污染

　　可以改善各类高音扬声器 f_0 处的频响特性。假定高音扬声器(一般地说,金属膜和塑料膜)都会在固有共振频率 f_0 处有几分贝的峰值,这个峰值对音质起着不良的影响,也限制了分频点的选择空间。这种情况可借助适当黏度(黏滞性)的磁液对扬声器共振时音圈的运动进行适当的控制,产生有效的阻尼特性来降低峰值(也可认为是降低 Q 值),使 f_0 处的频响曲线平滑。图2-7是某种 ϕ25 mm 金属膜球顶高音扬声器注入磁流体前后频响曲线的对比。

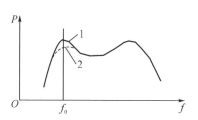

图 2-7　某种 ϕ25 mm 金属膜球顶高音扬声器注入磁流体前后频响曲线的对比

　　从图 2-7 中可看出,曲线 2(虚线)在 f_0 处,频响特性已经达到了平滑要求。顺便指出,在选用磁流体时,金属膜类硬球顶(钛、铝等)和塑料膜类半硬球顶扬声器 f_0 处往往是有峰的,只不过是高低不同而已。此时要选择黏度稍高的磁流体。如黏度 4 000 cP 的 APG840 或黏度 10 000 cP 的 APG842 等。这须由扬声器设计师根据实际情况决定。对布膜、丝膜类软球顶高音扬声器,频响曲线本来就没有峰值出现,加入磁流体纯粹是为了增加承受功率,改善散热。此时可选用低黏度的磁流体。如 1 000 cP 的 APG934 或 150 cP 的 APG314。若用错了型号会怎样呢? 硬球顶高音扬声器用低黏度磁流体,则降不了 f_0 处的峰。软球顶高音扬声器用高黏度磁流体则会出现在 f_0 处频响曲线过阻尼的情况。在上述两种球顶扬声器中,有时尽管黏度合适而仍会有过阻尼现象,这是由于磁液的量过多而产生的。过阻尼现象的特征就是频响曲线上 f_0 附近频域切去了一块,使高音扬声器频响低端往高频处移动。与过阻尼对应的是欠阻尼,这种现象大多在硬、半硬球顶扬声器注入的磁流体量不足时出现。高音扬声器的过阻尼和欠阻尼,典型的频响如图 2-8 所示。

　　那么,在磁气隙中要注入多少磁流体才能既不过量又能达到最佳呢?

　　美国磁流体制造商 Ferro Sound (Ferro Tec)提供了如图 2-9 所示的计算

方法。图 2-9 中 B, C, D, E 是半径,磁流体量 $V = 3.5 A (E^2 + C^2 - B^2 - D^2)$(mL)。

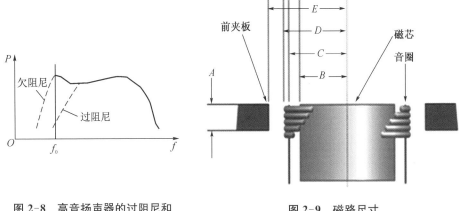

图 2-8　高音扬声器的过阻尼和　　　　图 2-9　磁路尺寸
　　　　欠阻尼典型的频响

音圈径向的或不规则运动所产生的谐波失真与"频谱污染"(Spectral Contamination),会由于磁液对音圈的定中力而降低。磁气隙中的磁液形成一个"密封圈",或者称为液态的圆环,它消除了音圈运动时空气在气隙中的互调噪声(尤其是在活塞频率段)。

Ferrotec 使用美国贝尔实验室开发的 Sysid 测试系统,检测一个约 2.54 cm 球顶高音的"频谱污染"。输入信号为多频声(Multitone),声压较高的脉冲是该高音扬声器对输入信号的响应。所记录到比较低的即所谓的频谱污染。

(4) 提高产品合格率

由于磁液的定中和润滑特性,有扬声器生产商报告说,在现有产品中使用了磁液之后,产能提高了 30% 到 60%。废品的减少往往能抵消磁液本身的成本。

(5) 减少功率压缩,提高动态线性

降低音圈温度,能减少扬声器的热功率压缩效应。使用磁液之后,同样实验条件下功率压缩的幅度大大减小。

(6) 可以缩小音圈和磁钢尺寸

音圈直径为 25 mm 的扬声器使用磁液之后,可达到音圈直径 38 mm 或 50 mm 的扬声器同样的功率承受能力。使用较小的磁钢和音圈所节省的费用大于磁液的成本。所减轻的重量对许多扬声器用途是有吸引力的。例如汽车,特别是电动汽车和飞机上的音响。对便携式电子产品和移动通信设备更是如此。

(7) 延缓材料老化

扬声器从它被制造出来之后,就不断地在氧化和老化。经验告诉我们,浸泡在油脂里面的材料不容易氧化。因此和磁液接触的材料不容易被氧化。

扬声器在使用过程中,音膜、音圈以及将两者黏合在一起的胶水都在反复经受高温的冲击。音圈绝缘层、骨架材料、固化了的胶水和音膜材料在高低温下冷热交变效应持续老化的结果是材料退化、变性、发脆,以及音圈金属线(特别是铜包铝线)的硬化。磁液对扬声器的降温作用,在相当程度上延缓了这种变化。

2.3.2　磁液技术指标

(1) 长时间高温下黏度的稳定性比 APG800 和 APG900 系列有很大的提高(图2-8)。APG1136 和 APG2136 在 130 ℃高温下 700 h 以后,其黏度增加的速度很慢。而作为对照的 APG836 和 APG936 的黏度已经增加了多倍。

磁液在高温和强磁场下的寿命是磁液质量的最重要指标之一。近四十年来 Ferrotec 的科学家们一直在孜孜不倦地研究探索高温性能更好的磁液。从早年的 APG500、APG700 系列,后来的 APG800、APG900 系列直到最近的 APG1100 和 APG2100 系列,磁液的高温性能成倍提高。在日常生活中,水壶里的水会被炉火煮干,锅子里的汤或油也会被熬干。和生活经验不同,扬声器里面的磁液远在它的载液被完全蒸发完之前,就已经凝胶了。而此时的磁液质量仅仅失去约 5%。磁液的凝胶是指它在高温和强磁场下,质地的蜕变,失去了流动性和传热的功能。磁液在某温度和某磁场下的抗凝胶时间,就是它在该温度下的寿命。磁流体,像其他流体,当受热时会蒸发。温度越高,蒸发得越快。都是磁流体的载体在挥发,而不是粒子。随着粒子载体的挥发,粒子的饱和强度和有效磁化强度将会增加。同时也会增加磁流体的黏度,磁流体体积也将会减少。黏度的增加将增加阻尼效果(减小 Q_m 值),而总量的减少又会减少阻尼(增加 Q_m 值)。因此,在加速可靠性试验条件下,磁流体将会受到两种对立因素的影响,进而将对喇叭性能的影响降低。在阻抗和频率响应曲线中的变化反映了这两种对立因素相互抵消的结果。在所有的寿命试验中,Q_m 值的减少说明黏度的增加大于磁流体体积的减少速度。随着时间的变化不会有改变,这个和热传递测量结果相一致。之前的研究表明,如果气隙中的磁流体损失很大时,热传导将会减弱,音圈温度将会上升。对于中低音喇叭,在 9 000 h 内磁流体会蒸发 3.1%,这么少的损失不会影响其热传导性能。

当有磁流体时,在寿命试验中的音圈温度为 100 ℃相当于在没有磁流体时的 150 ℃的音圈温度。另外一种描述磁流体优势的方式就是,其可以降低作用到音圈上约 50%功率。这些温度和功率,没有磁流体时,会很明显地作用到扬声器上。

(2) 磁液用量的计算和控制

不管选用哪种磁液,都应该首先确定磁液的用量。对于特定的扬声器,正确的磁液用量是至关重要的。假如加太多磁液,不仅浪费材料,增加了成本,还可能会造成磁液渗漏迁移或飞溅等一系列问题。如果加得太少,又会使磁液的散热的优点减少,损害磁液的长期可靠性,并会导致扬声器的异常回应。推荐用量允许误差为 ±10%,且最好保持正公差。

(3) 磁液用量的计算公式

一个扬声器应该加注的磁液量取决于气隙的尺寸和音圈所占的体积(图 2-9)。

下面的计算公式适用于将整个磁气隙加满的情况。

铁氧体为材料的磁路结构(俗称"外磁")的磁液用量:可用以下公式计算:

$$V = 3.5A(E^2 + C^2 - B^2 - D^2) \tag{2-2}$$

式中:A——导磁盘厚度(cm);B——磁芯半径(cm);C——音圈内半径(cm);D——音圈外半径(cm);E——导磁盘内半径(cm);V——磁液体积(mL)。

① 这个公式已经包含了 10%的裕量。

② 它适合高音、中音和低音扬声器,压缩驱动器,以及加满整个磁路气隙的情况,但不适合"小全频"扬声器。如果用质量调校磁液加注设备,还需要用以下公式来换算磁液的质量:

$$W = Vd \tag{2-3}$$

式中:V——磁液体积(mL);d——磁液的密度(从对应的磁液品种规格书查得)(g/cm^3);W——磁液的质量(g)。

③ 如果是钕铁硼磁路结构(俗称"内磁"),公式相同,变量 B 和 E 的含义变了:A——导磁盘厚度(cm);B——导磁盘半径(cm);C——音圈内半径(cm);D——音圈外半径(cm);E——导磁碗内半径(cm)。

如果是只加音圈一侧的情况,上述公式变形为:

④ 只加外侧: $$V = 3.5A(E^2 - D^2) \tag{2-4}$$

⑤ 只加内侧：
$$V = 3.5A(C^2 - B^2) \tag{2-5}$$

⑥ 如果是只加"一点点"磁液的情况，如小型全音域扬声器（俗称"小全频"，用于手提电脑、平板电视等），并没有具体公式可以套用，而要凭试验和经验来决定。

磁液用量计算是一项繁而不难的工作。如果开发项目多，经常需要计算磁液的用量，可以利用 Loudsoft 计算机辅助设计软件，也可以利用 Windows Office Excel 软件编一个自动计算的程序，输入磁路和音圈的 5 个尺寸参数，就可以得到应该加的磁液体积。再选定磁液的密度，即可得到磁液的质量。

在生产控制中，注入磁流体的高音扬声器的频响曲线测试，即检查既不过阻尼也不欠阻尼的 SPL，由于要有消音室或消音箱条件，故有的厂家规定了测阻抗曲线的方法。只要阻抗曲线上的最大值在要求的范围内，就表示磁流体注入量是正常的。这是一个很好的检测办法。

下面举例说明式（2-2）的应用。

某高音扬声器 $A=0.2\,\mathrm{cm}$，$E=0.76\,\mathrm{cm}$，$C=0.668\,\mathrm{cm}$，$B=0.648\,\mathrm{cm}$，$D=0.698\,\mathrm{cm}$。计算得 $V \approx 0.08\,\mathrm{mL}$。因为磁流体密度可近似为 $1\,\mathrm{g/cm^3}$，故此扬声器的磁流体注入量为 $0.08\,\mathrm{g}$。在实际应用中，注入量应以 f_0 处频响平滑为准，所以，实际值可能在 $0.08\,\mathrm{g}$ 上下变动。因此，计算 V 值是逼近最佳值的有效途径。某低音扬声器，直径为 25 mm 四层音圈。室温 25 ℃时输入 120 W，120 s 后温升至 180 ℃，在气隙中注入黏度为 2 000 cP 磁流体 0.6 g 后，同样时间，温度为 80 ℃，仅升了 55 ℃，其温升约为未注磁流体的 1/3。由于磁流体在磁路气隙中可以产生中心定位效应而使音圈在磁气隙中不偏不倚地滑动，工作时基本上都在气隙的中心位置上，从而明显地减少了二次谐波和三次谐波。特别是近几年，随着个人计算机和手提电脑的发展，微型扬声器的结构越来越小，可以说，直径小于 20 mm 的微型扬声器基本上都已不用定心支片而靠磁流体来定中了。表 2-1 是美国 APG 系列磁流体的适用性简介，供读者在使用中参考。

表 2-1　APG 系列磁流体适用性简介

磁流体系列	适用性
APG800 系列	主要用于扬声器阻尼和散热。磁液能承受的瞬间温度＞200 ℃，但长期使用 110 ℃左右的工作温度时，长期寿命有所降低。能耐高湿和防水
APG900 系列	适用于扬声器散热和阻尼。虽然磁液能承受＞200 ℃的高温，但长期使用＞115 ℃左右的工作温度时，寿命有所降低。能耐高湿和防水

(续表)

磁流体系列	适用性
APG300 系列	主要用于散热。能承受 200 ℃高温。但长期使用>110 ℃的工作温度时,寿命有所降低。耐高湿和防水
APGO 系列	既能用于散热,也能兼顾散热和阻尼。瞬态温度容量为 225 ℃。但长期使用 125 ℃左右的工作温度时,则寿命有所降低(主要用于低音扬声器)
APGJ 系列	主要用于报警扬声器和耳机驱动器散热及音圈定中。这类磁流体瞬态温度容量是 175 ℃。长期使用 80 ℃左右的工作温度时,寿命有所降低

对常用磁流体规格的介绍,见表 2-2 所示。

表 2-2　常用磁流体介绍

型号	载体油	饱和磁化强度/10^{-4} T	25 ℃黏度/cP	参考价格/元	主要应用场合
APG840	合成碳氢化合物	200	4 000	3 700	高音扬声器
APG842	合成碳氢化合物	220	10 000	3 700	高音扬声器
APG934	合成碳氢化合物	200	1 000	3 900	中、高音扬声器
APG314	合成碳氢化合物	250	150	3 900	中、高音扬声器
APG941	合成聚酯	200	5 000	3 900	微型扬声器
APG027	合成聚酯	325	175	4 000	中、低音扬声器

应当指出,在表 2-2 中,散热就是靠载体油。饱和磁化强度高则音圈定中好。黏度则决定黏滞性,即阻尼特性。

(4) 使用磁流体可提供附加的机械阻尼,但是其本身黏度也会随温度变化,也就是说,磁流体的使用温度不要太高,所以,低音扬声器的磁芯通孔、对流冷却、后夹板也开孔等降温措施对低音磁流体使用是非常重要的,而且还可防止和减少低频大振幅时磁流体的飞溅。

试用前要先做一些试验,观察磁液和音圈骨架、补强纸、线与线间胶液、球顶膜与音圈骨架黏结胶对磁流体的不适应性。如纸骨架、补强纸会吸收载体油,载体油可能溶解线与线间胶和球顶膜与音圈骨架黏结胶。如有此情况发生,纸骨架和补强纸要事先用不溶于载体油的稀胶液浸渍,待稀胶充分进入纸材的毛细孔中并干透后才能与磁液一起使用。此时,纸的毛细孔已吸饱胶不会吸载体油了。至于磁液溶解线与线间胶和膜片与音圈骨架黏结胶一事,只能换胶液品种才行。这些都是不难解决的问题。

（5）使用磁流体定中的微型扬声器,在纯音检听时要先预振数分钟,作预热后再听,此时音质可保持正常。不预热就听,声音会有点失真。特别在冬天,南方厂家车间无暖气,气温低,磁液黏度降低时更要注意作预热。

（6）关于磁流体的寿命,最新的研究成果表明,磁液的寿命并不取决于载体油的挥发性(蒸发率),而是取决于在强磁场、高温下磁液的凝固时间。所以,磁液生产厂家把磁液的抗凝固的稳定性称为热稳定性。这才是决定磁液寿命长短的主要因素。

以 APG2100 系列磁流体为例(表中没有列出),这是一种用于高音扬声器的磁液。饱和磁化强度为 $100 \times 10^{-4} \sim 200 \times 10^{-4}$ T,黏度范围是 $200 \sim 6\,000$ cP,如果这类磁液在 130 ℃时寿命为 4 000 h,在 120 ℃时则是 8 000 h,110 ℃就是16 000 h, 100 ℃是 32 000 h,90 ℃为 64 000 h。也就是说,在强磁场下,温度每差 10 ℃,磁液的凝固时间(寿命)就增加 1 倍或减少 1/2。这些试验都指出是胶凝固而不是干涸。胶凝固时间要早于干涸时间。

2.3.3　磁液技术发展动态

（1）多样化和针对性增强

现在已有专用于中、低音扬声器的 APGW 系列,全频扬声器系列,压缩驱动扬声器 CD 系列和耳机专用系列等。

（2）高温性能提高和黏度稳定性大幅度提升

（3）用于家庭影院的环绕扬声器

其中在 U 铁设计中(内磁结构),将磁液注入音圈骨架内侧[图 2-10(a)];在 T 铁设计中(O 形磁铁结构),将磁液注入音圈骨架外侧[图 2-10(b)]。

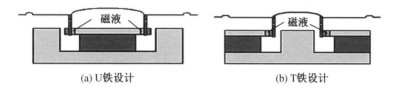

(a) U铁设计　　　　　　　　　　(b) T铁设计

图 2-10　U 铁设计与 T 铁设计

当然,任何事物都是一分为二的,我们在讨论磁液种种优点的同时,也应注意到尚有不少问题值得我们去研究,例如:使用磁液后对电声特性的影响问题;

含磁液磁路的动力学分析问题;磁液在环保方面的评价问题等。

2.3.4　含磁液磁路系统中音圈的力学特性

在现代科技发展中,磁系统的应用越来越广泛。在电声行业中,磁系统的应用更是不胜枚举。例如:扬声器、拾音器、耳机、受话器、传声器等都在应用。但是,尽管应用的场合五花八门、名目繁多,磁系统的形式也多种多样,可是它们的作用原理和主要组成部分却都是相似的。研究的主要对象是含有工作气隙的磁系统,讨论含磁液磁路系统中,音圈的力学特性,讨论内容分两大部分:静力学特性和动力学特性。先讨论含磁液磁路系统中音圈的静力学特性。

（1）音圈受力的静力学特性

音圈能够在磁流体中振动,但我们在这里着重讨论其静力学的受力情况。因此,要讨论音圈受到的力就应有两个方向的力:一个是音圈的轴向方向的力,另一个是垂直于音圈轴向的径向的力。

① 音圈轴向方向的受力

音圈轴向方向的受力与液体的表面张力值相关。如图 2-11 所示,若有一表面清洁的矩形金属薄片竖直地立于液体中,使其底面保持水平处于平衡状态。若破坏平衡,有一作用于音圈的轴向方向的力 F 作用,音圈就会被向上轻轻提起,则附近的液面如图示的形状(对可浸润液体)。由于液面收缩而产生的沿着液面切线方向的力 f 称为表面张力,φ 角称为接触角(或称润湿角)。当轻轻提起此表面清洁的矩形金属薄片时,接触

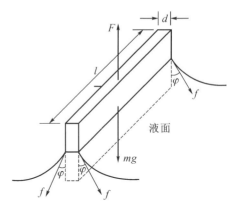

图 2-11　矩形金属薄片竖直地立于液体中的受力

角(或称润湿角)逐渐变小而趋向为零,这时的 f 垂直向下,在矩形金属薄片脱离液面前,诸力的平衡条件为:

$$F = mg + f \tag{2-6}$$

式中:F——提起矩形金属薄片的力(N);mg——矩形金属薄片和它黏附的液体的重力(N);f——表面张力(N)。 $f = 2\alpha(l+d)$,若,上述的讨论也是可以适用的,但有两点必须指出:

a. 上面叙述例讨论的 $f=2\alpha(l+d)$，这里则应改为 $f=\pi\alpha(d_外+d_内)$，$d_内$、$d_外$ 分别是音圈的内、外径值；mg 则是音圈的重力；α 是磁液的表面张力系数。

上面叙述中，考虑的是当轻轻提起此表面清洁的矩形金属薄片时，接触角 φ（或称润湿角）逐渐变小而趋向为零，在矩形金属薄片脱离液面前，这时的 f 垂直向下，而我们考虑的是能够在磁流体中振动的音圈，这时的音圈不可能脱离液面，而且同样，接触角（或称润湿角）φ 会逐渐变小而不会趋向为零。这样 $f=\pi\alpha(d_外+d_内)$ 就应乘一个系数 $\cos\varphi$，φ 的大小则根据音圈浸入磁液的位置而定。而 $f=\pi\alpha(d_外+d_内)$ 则是一最大值。在磁流体中音圈虽能够上、下运动，但是音圈不应脱离磁流体，在讨论其静力学特性时，首先应考虑在磁流体中音圈开始是处于平衡状态的，但若有向上的力施加而破坏平衡，（且尚未被提起脱离液面时），受到的力应是音圈的轴向方向的力 F，维系其系统处于平衡状态。

b. 这里还应考虑磁液在外磁场作用，静止时的液面状态特性。首先对静磁场中的磁介质做一些讨论，在半径为 b 的圆筒磁极与其中心的一个半径为 a 的棒磁极之间，充入磁导率为 μ 的磁液，磁极间施加外磁场后，磁液液面就会发生变化。磁场中磁性介质所受体积力：

$$\boldsymbol{f}=(\nabla\boldsymbol{B})\cdot\boldsymbol{M} \tag{2-7}$$

其中，$\boldsymbol{B}$ 为外磁场磁感应强度向量，$\boldsymbol{M}$ 为外磁场磁化强度向量。若不考虑 h 的方向性，应有下式成立：

$$\int_0^B MdB=\rho gh(r) \tag{2-8}$$

设由棒中心至 距离为 r 半径处，液面上升为 $h(r)$，若磁液的密度为 ρ_L 加在磁液上的磁场能量是使液体上升的原因，若是均匀的各向同性磁介质，也可认为磁能变成了磁液的位能，r 位置处单位体积中的磁场能量为 $1/2\,\mu B^2(r)$，而位能则简单地考虑为，相当于集中在重心位置 $1/2h(r)$ 处，为 $1/2\,\rho_L gh(r)$。

g 为重力加速度，两能量应相等，即：

$$1/2\mu H^2(r)=1/2\,\rho_L gh(r) \tag{2-9}$$

$H(r)$ 是 r 处的磁场强度。

但由于 $H(r)$ 不是均匀分布的，则磁液面也不可能均匀变化。磁液在磁极间分布的实测图形如图 2-12 所示。其中图（a）为磁液在磁极间磁场强度分布的实测图;图(b)为磁液在磁极间分布的实测图,磁液液面轮廓线的上、下部位都用黑线标出,这时磁液量较多,达 107 μL,相当于磁隙体积的 110%;图(c)为磁液在磁极间分布的实测图,磁液液面轮廓线的上、下部位都用黑线标出,这时磁液量正好,达 97 μL,相当于磁隙体积的 100%;图(d)为磁液在磁极间分布的实测图,磁液液面轮廓线的上、下部位都用黑线标出,这时磁液量较少,达 87 μL,相当于磁隙体积的 90%。由图 2-12 可以看出磁液液面轮廓线的上、下部位都不是平坦的。当音圈置于磁液中时,就必须考虑根据磁液液面轮廓线的部位,来讨论音圈的轴向方向的受力。

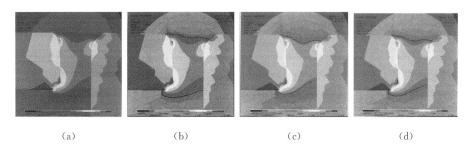

| (a) | (b) | (c) | (d) |

图 2-12 磁液在磁极间分布的实测图形

② 音圈径向方向的受力

在各种含磁隙的磁路(磁回路)系统中,我们取其中一磁路(内磁回路)系统,并在磁芯和音圈间放入磁液,如图 2-13 所示。

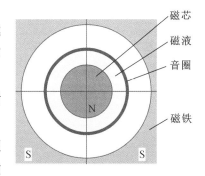

磁芯
磁液
音圈
磁铁

这时的磁路中,磁场是从中心向外辐射的,由磁路定律可知:其 Φ(磁通) 是不变的。$\Phi = BS$,而 S 应为 $2\pi R \times l$,(R 是磁路中某距中心的半径;l 是磁路的轴向高度值),根据磁场的高斯定理,感应磁场强度分布值 B,由等式 $BR = B_0 R_0$ 给出。其中 R 是离中心点的距

图 2-13 磁芯和音圈间放入磁液的磁路

离,R_0 是磁芯半径,B_0 是在 $R = R_0$ 点的磁感应强度。这里还要强调两点:

一是磁场梯度的问题。磁场作为向量场,只会有散度或旋度。只有标量场才会有相应的梯度,不过,如果如图 2-14 所示,磁场的方向处处都是径向辐射且在相同的 R 值下其 B 值都相同,那么可以把磁场强度的大小作为标量,这样就也可以有相应的磁场梯度了。某点的磁场梯度等于过该点的等磁场强度曲

面与很靠近的另一个等磁场强度曲面之间的强度之差除以该点到上述的另一邻近曲面的最短距离,而梯度的方向就是最短距离的那条直线的方向。这才会有根据磁场的高斯定理,磁场强度 B,由等式 $BR = B_0 R_0$ 给出的结果。

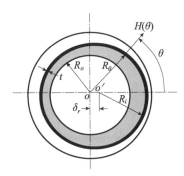

图 2-14 当音圈在径向的平衡受破坏时的情况

二是由电磁学定义的公式可知: $B = \mu_0 H + M$。通常扬声器磁气隙的磁通密度(即磁感应强度)很高,磁化强度大致是饱和的, $M = M_s$。因此,磁液的磁场的分布符合这个等式: $\mu_0 H = B_0 R_0 / R - M_s$。

我们现在讨论的是音圈在径向的平衡问题,即当音圈在径向的平衡受破坏,音圈中心发生微小的位移时的状况(图 2-14),其内表面所受到的合力 F_i 的大小由以下公式得出:

$$F_i = \int_0^{2\pi} p(\theta) \cos(\theta) R_i L \, \mathrm{d}\theta \qquad (2\text{-}10)$$

磁液的静压力 $p(\theta)$ 与磁流体磁场强度相关,本文仅限于讨论其静力学平衡,所以忽略其动压力与重力,通过 Bernoulli 公式可以得到: $p(\theta) - p_0 = M_s [H(\theta) - H_0]$。

$$p(\theta) - p_0 = \int_{H_0}^{H(\theta)} M \mathrm{d}H \qquad (2\text{-}11)$$

其中, p_0 是导磁盘表面受到的压力,其磁场强度为 H_0。对于充分磁饱和的磁液,式(2-11)可以简化为 $p(\theta) - p_0 = M_s [H(\theta) - H_0]$。假定音圈的偏心对磁场分布变化的影响很小,代入前一式中的 $p(\theta)$,则可得到更为简化的形式。

$$F_i = \frac{B_0 M_s R_0 R_i L}{\mu_0} \int_0^{2\pi} \frac{\cos\theta}{R(\theta)} \mathrm{d}\theta \qquad (2\text{-}12)$$

从几何学,距离 $R(\theta)$ 由等式 $R(\theta) = R_i [(\delta/R_i)^2 + 2(\delta/R_i)\cos\theta + 1]^{1/2}$ 得出。对于小位移 $R(\theta)$ 可展开为 $R(\theta) \approx R_i [1 - (\delta/R_i)\cos\theta]^{-1}$。

磁液作为有一定黏滞特性的液体,由于其有一定的不可压缩的特性,受力后将会恢复变形的特性,这就犹如弹簧一样了,即 $F = K\delta$ (δ 应与 F 方向相反)。为此,将这个表达式代入上式并求积分(并用图 2-14 中所示量表示),则应得到弹簧系数的最终结果为 $K_i = F_i/\delta$。

$$K_i = -\frac{\pi B_0 M_s L}{\mu_0 R_i} R_0 \qquad (2\text{-}13)$$

其中，K_i 表示磁液施加在偏移的音圈内壁的压力的弹簧系数。负号表示对弹簧系数的贡献是力图复位的特性。这就表明由于音圈的偏心，磁液向偏移的音圈内壁施加压力，同样音圈也会产生相应的反作用力施加于磁液上。这就表明该力具有力图复位的特性。

如果只在磁气隙外侧加注磁液，由于作用力施加在音圈厚度为 t 的薄壁外侧，则弹簧系数贡献结果为 K_o。

$$K_o = \frac{\pi B_0 M_s L}{\mu_0 (R_i + t)} R_0 \qquad (2\text{-}14)$$

这种情况下，符号是正的，因为任何位置上的压力都与作用在内壁上的压力方向相反。当音圈两侧的气隙都加注磁液时，弹簧系数的净值 $K = K_i + K_o$。假定 $t \ll R_i$，将式(2-14)与式(2-14)之和代入，得到：

$$K = -\frac{\pi M_s H_0 L}{R_i} t \qquad (2\text{-}15)$$

由此可以看出，K 提供了一个净复位力。除了弹簧系数因子的一个小差异，这个关系式与 Bottenberg 的结论一致，弹性常数之比为

$$\frac{K_i}{K} = \frac{R_0}{t} \qquad (2\text{-}16)$$

R_0 总是大于 t，因此可以看出，磁液只加注在内侧磁气隙所得到的复位力比内外两侧都加注要大。

只加注磁液于外侧磁气隙，测试结果表明，它对音圈的定位中心有偏离作用。这种情况下，弹簧系数 K_o 的符号是正的，因为任何位置上的压力都与作用在内壁的压力方向相反。这就自然而然地使它与 U 形磁轭内壁以及导磁盘间距离变小，甚至会相接触，这是不可取的。

有人认为，磁液加于音圈内侧还是加于外侧，要由磁通密度大小而定，哪一边的磁通密度比较大，磁液就应该加在哪一边。

③ 音圈受力测量

a. 由于音圈的轴向方向的力与液体的表面张力值相关，因此，音圈的轴向

方向力的测量,常使用焦利氏秤来进行。

b. 由于音圈在径向方向的受力平衡问题,前面已做过讨论。即当音圈在径向的平衡受破坏,音圈中心发生微小的位移时,有文献介绍设计了一套装置用来测量径向复位力与位移之间的关系。这些测试所用的装置,使用了一个 U 形的磁轭,里面中心有一块磁铁。有关参数举例如下:使用的是 APG836 磁液,$M_s=0.022\ \text{T}$,$B_0=0.9\ \text{T}$,$R_i=12.75\ \text{mm}$,$R_0=12.25\ \text{mm}$,$L=0.002\,2\ \text{m}$。只加注内侧气隙时弹簧系数预测值为 $K'=1.16\times10^{-2}\ \text{g}\cdot\text{m}^{-1}$。当音圈厚度 t 为 0.3 mm 时,获得的比例 $K_i/K\approx40.8$。实际测量到的比例要比这个数值小得多,分析认为其差异是磁场分布非理想状态所导致的。而只加注磁液于外侧磁气隙的测试结果是:对音圈的定位中心的偏离作用自然地使它与 U 形磁轭内壁以及导磁盘相接触,这与理论判断的结果是一致的。

众所周知,扬声器是利用一个永磁场磁路中悬浮一个音圈,当外来电信号驱动后产生振动从而推动振动盘发出声音。这就要求音圈是处于不受外力的状态下,悬浮在磁路的磁隙中。生产中使用磁规、音规就是起着能保证上述要求的作用。但当磁流体填充于磁间隙之间,液体使得音圈受到一定的力作用后,会达到一个新的静力学平衡态,为此研究其静力学平衡态就具有一定的意义了。

磁液填充于磁间隙之间,液体使得音圈具有一定的黏性和弹性,最终使得出来的声音具有高保真效果。在实用性方面,液体性能和磁性性能均具有相等的使用价值:液体性能具有润湿、润滑和传热性能;将音圈对称以避免摩擦。这就需要我们从静力学和动力学两方面去讨论,本节重点在于讨论前者;而对实用特性的动力学讨论将在后面进行。

本节讨论的是扬声器处于水平位置的情况,而常用的扬声器是垂直安放的,这时的受力平衡可结合具体情况分析,当然也应作一些简化处理才行。

在讨论含磁液磁路系统时,我们已讨论了音圈的力学特性中的静力学特性。下面再讨论含磁液磁路系统音圈受力的动力学特性。

(2) 音圈受力的动力学特性

① 主要原理

一般而言,在低声频范畴内,扬声器振膜可以看作是一个悬臂梁结构。它可以表征为一个单一振动系统。这个单一振动系统有一个质量为 m_1 的刚体,其重心处连接一个弹性系数为 k 的无质量的弹簧,弹簧的另一端固定在墙壁上,共同组成一个自由度的共振系统。当对刚体的重心施加一与弹簧方向一致的驱动力 $F\cos\omega''t$ 时,设刚体位移瞬时值为 x ,则此时的运动方程式为:

$$m_1\frac{\mathrm{d}^2 x}{\mathrm{d}t^2}+kx=F\cos\omega''t \tag{2-17}$$

对于将音圈黏结在振膜上的情况,音圈的质量为 m_2 ,若作为最理想的简化,只要将式(2-17)中的 m_1 改为 m , $m=m_1+m_2$ 即可,即:

$$(m_1+m_2)\frac{\mathrm{d}^2 x}{\mathrm{d}t^2}+kx=F\cos\omega''t \tag{2-18}$$

将一个质量为 m_1 的刚体和一个质量为 m_2 的刚体连接在一起,构成了一个二体振动系统。此时的运动方程式为:

$$\mu\frac{\mathrm{d}^2 x}{\mathrm{d}t^2}+kx=F\cos\omega''t \tag{2-19}$$

其中, μ 为折合质量, $\mu=m_1 m_2/(m_1+m_2)$,对于有限质量 m_1 , m_2 来说, μ 总小于 m_1 , m_2 。特别需要指出的是二体振动系统,在无外驱动力 $F\cos\omega''t$ 作用时,虽然是会做谐振动,但不是做简谐振动的系统。

现在,我们考虑当磁隙中注满一定量的磁液,音圈浸入这一定量的磁液中的实际的情况:

a. 这时有一周期性驱动力 $F\cos\omega''t$ 作用;

b. 同时由于音圈浸在一定量的磁液中,且音圈在磁液中运动,会受到磁液对音圈的黏滞阻力。此时的运动方程式为:

$$\mu\frac{\mathrm{d}^2 x}{\mathrm{d}t^2}+kx+b\frac{\mathrm{d}x}{\mathrm{d}t}=F\cos\omega''t \tag{2-20}$$

其中, kx 为弹性力; $b\mathrm{d}x/\mathrm{d}t$ 为阻尼力(黏滞阻尼力),它和运动速度成正比。而其中的 b 又与接触面积和黏滞系数 η 有关。

这是一个有阻尼的受迫谐振动系统。

② 音圈的共振特性

音圈在磁流体中运动,我们首先着重考虑振动的问题。由于这是一个有阻尼的受迫谐振动系统,前面我们已讨论过。

音圈轴向方向的运动,与系统是一个有阻尼的受迫谐振动系统相关的。根据牛顿运动定律可以得到以下方程:

$$\mu \frac{\mathrm{d}^2 x}{\mathrm{d}t^2} + kx + b\frac{\mathrm{d}x}{\mathrm{d}t} = F\cos\omega''t \tag{2-21}$$

这个方程的解为：

$$x = \frac{F}{G}\sin(\omega''t - \varphi) \tag{2-22}$$

其中：

$$G = \sqrt{\mu^2(\omega''^2 - \omega^2)^2 + b^2\omega''^2} \tag{2-23}$$

$$\varphi = \cos^{-1}\frac{b\omega''}{G} \tag{2-24}$$

该系统是以周期性外加驱动力 $F\cos\omega''t$ 的频率来振动的,而不是以系统的固有频率 ω 来振动的。当外加驱动力 $F\cos\omega''t$ 的频率达到一定值时,系统振动振幅达到最大值,这时的振动状态就是共振。共振时的频率被称之为共振频率。在一定的振动系统中,阻尼越小,共振频率就越接近于无阻尼时的系统的固有频率 ω。图 2-15 中,我们给出了 5 条曲线,其横坐标是外加驱动频率 ω'' 和无阻尼时的系统的固有频率 ω 之比。

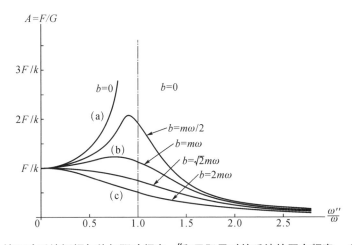

图 2-15　被驱动系统振幅与外加驱动频率 ω'' 和无阻尼时的系统的固有频率 ω 之比的曲线

a. 图中曲线(a)是 $b=0$ 无阻尼时的情况,这时由于所施外力将能量不断馈入系统且无能量损耗,所以当外加驱动频率 ω'' 达到 ω 时,系统振幅应为无限大(实际上总会存在一定的摩擦力等,故振幅虽很大但为有限值)。

b. 图中曲线(b)、(c)是阻尼增大时的两种受迫振动,但对于实际的扬声器来说,它应是由振动膜盘、弹波(定心支片)和两个悬臂梁结构的弹性体并联而构成的复合系统作为研究对象来讨论的。由于磁液本身的黏滞系数不同以及施加磁液量的不同,磁液对音圈的黏滞阻力不同,则这个有阻尼的受迫谐振动,还会出现欠阻尼或过阻尼的状况,这就要在生产控制中掌控和进行优选,使之处于既不过阻尼也不欠阻尼的状态。由于磁液随温度变化对音圈的黏滞阻力也会不同,这将另作讨论。

c. 可压缩黏性磁液中音圈的运动。研究含磁液的磁路(磁回路)系统中音圈的运动时,我们可以将磁液看作不可压缩黏性液体。我们取其中一部分,则可简化成处于平行平板间,不可压缩的磁液处于层流流动状态下(图2-16)的运动状况。

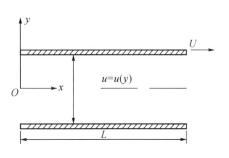

图 2-16   平板间的层流流动

在磁路(磁回路)系统中在磁芯和音圈间放入磁液,我们将其简化成如图2-16所示模型。假设水平放置的上、下两平板,长 L,宽 M(垂直于纸面方向)。两板间距为 $2h$,上板以速度 U 沿 x 方向均速运动,下板固定不动,两板间充满不可压缩黏性液体,该液体在由上板运动引起的黏性力的作用下,做定常层流流动。

应用不可压缩黏性流体的 Navier-Stokes 方程推导平行平板间的层流流动的微分方程。最后求得:

$$u = \frac{U}{2}\left(1 + \frac{y}{h}\right) \tag{2-25}$$

此时速度 u 随 y 呈线性分布,这种由上板运动而产生的流动被称为库特(Couette)剪切流。

这里应注意:

a. 由于磁液在磁路(磁回路)系统中,是一个局部的、静止的状态,应用不可压缩黏性流体的 Navier-Stokes 方程推导平行平板间的层流流动的微分方程,是一个近似的结果;

b. 磁液施加在偏移的音圈内壁或磁液施加在偏移的音圈外壁,都可利用上述方法讨论,只不过是在推导平行平板间的层流流动的微分方程时,上、下板的固定方式改变一下而已。若磁液同时施加在偏移的音圈内、外壁,则可同时利用上述方法讨论。

③ 音圈运动产生的反电动势对音圈运动本身的影响

若考虑这时的音圈运动,就会得出由于外加的信号的电流作用,音圈由于受到了安培力而运动,但同时由于音圈在磁场中运动,则音圈中导线切割磁感线又会产生电动势(反电动势),它可表示为:

$$E_{反} = BLu \tag{2-26}$$

其中,B:磁感应强度;L:音圈线圈有效长度;u:音圈的运动速度。

前面我们讨论过作为一个有阻尼的受迫谐振动系统,该微分方程的解为:

$$x(t) = \frac{F}{G} \sin (\omega'' t - \varphi) \tag{2-27}$$

$$G = \sqrt{\mu^2 (\omega''^2 - \omega^2)^2 + b^2 \omega''^2} \tag{2-28}$$

其中:

$$\varphi = \cos^{-1} \frac{b\omega''}{G} \tag{2-29}$$

$$u = \frac{\mathrm{d}x(t)}{\mathrm{d}t} \tag{2-30}$$

这一反电动势的出现,按照楞次定律是要阻碍音圈运动的。它的出现也有实际意义,它可保护音圈,使音圈承受大的功率、大的电流而不致烧毁。研究含磁液的磁路(磁回路)系统中音圈的运动时,我们可以发现音圈的运动速度 u 是与磁液的阻尼作用相关的。而且在大小、相位上都有表现。

④ 音圈运动对磁液液面的影响

应用不可压缩黏性流体的 Navier-Stokes 方程,推导平行平板间的层流流动的微分方程求解时,若 U 是随时间 t 变化的函数 $U(t)$,则 u 也应是随时间 t 变化的。则磁液在磁路(磁回路)系统中会有相应的加速度项 $\mathrm{d}u/\mathrm{d}t$,这样,当函数 $U(t)$ 随时间 t 变化时,就会出现惯性力项,从而影响音圈在磁路(磁回路)系统中的运动。

磁液分子由磁液向外脱离的状态,如图 2-17 所示。在磁液中的 A 分子受到的分子作用力的合力为零:$\Sigma f_i = 0$。处于表面层的 B、C 分子受到一个指向液体内部的分子吸引力作用;宏观上表面层表现为一个被拉紧的弹性薄膜。当磁液分子由磁液向外脱离时,它必须要由磁液内部上升到图 2-17(a)的表面上。这时,若考虑音圈运动而带动磁液运动,形成了一个磁液团,其质量为 m,直径

为 D，当其在磁液内部时，其动能为：

$$E_k = \frac{1}{2}mu^2 \qquad (2\text{-}31)$$

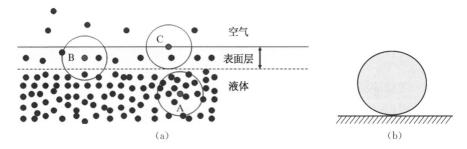

图 2-17　磁液分子由磁液向外脱离的状态

当其达到图 2-17(b)的表面上时，它必须克服重力做功 W_1；提供形成球团需要的表面能 E_s；还要克服黏滞阻力做功 W_2（应该说明的是该值是受外磁场的大小而改变，会受磁路的影响）。由于当音圈运动而带动磁液运动形成了一个磁液团时，不可能是处于层流状态，因而须考虑是在湍流状态下，其计算也应利用在湍流状态下的公式来计算。因此：

$$W_1 = mg\frac{D}{2} \qquad (2\text{-}32)$$

$$E_s = \sigma\pi D^2 \qquad (2\text{-}33)$$

$$W_2 = FL \qquad (2\text{-}34)$$

$$F = \frac{1}{2}C_d\rho u^2 S \qquad (2\text{-}35)$$

式(2-32)～式(2-35)中：F 为湍流时的黏滞阻力；C_d 为动力阻力系数；ρ 为磁液的密度；S 为垂直于流速方向上物体的截面积；L 为磁液表面的一个液面层的厚度。

若 $E_k - W_1 - E_s - W_2 = 0$，则磁液团刚刚可以脱离液面；若 $E_k - W_1 - E_s - W_2 > 0$，则磁液团不仅可以脱离液面，而且具有能量向液面外运动。E_k 的大小则取决于音圈运动而带动磁液的运动状况。

在讨论该问题时，也有文献从磁液表面有序度来考虑，即所谓的瑞利·泰勒(Rayleigh-Taylor)不稳定性分析法。

Rayleigh-Taylor 不稳定性分析法(RT 分析法)可定义液体表面的扰动，从表面完全平坦变为表面波状起伏不平,也就是表面积在增加的初始增速条件。这时定义了一个特征参数——扰动波数 k,与这种扰动波数 k 相关的波成长因子 γ 的展开关系式为:

$$\gamma^2 + 2\frac{k^2\mu}{\rho}\gamma - \frac{ak}{\coth(kL)}\left(1 - \frac{k^2}{k_0^2} - N\right) = 0 \qquad (2\text{-}36)$$

其中波成长因子 γ 由下式给出:

$$z = \hat{z}_0 \text{Re}\left[\exp(\gamma t)\cos(ks)\right] \qquad (2\text{-}37)$$

式中:Re 表示实数部分,$\hat{z}_0$ 为接口扰动的幅度,t 为时间,s 为沿磁气隙中心从一点到另一点的距离,N 为接口张力,a 为加速度,μ 为黏度系数,ρ 为质量密度,L 为厚度,$k_0 = (\rho a/\sigma)^{1/2}$,为泰勒波数,$N = (M/\rho a)\mathrm{d}H/\mathrm{d}z \approx MH_\mathrm{m}/\rho a w$,即磁体积力与加速度之比,$H_\mathrm{m}$ 为宽度为 w 的气隙中最大磁场强度。γ 的正值表示不稳定性,也就是接口从平坦变为扰动的速度。

例如文献中报道了有关实验结果:

实验中使用的磁液是 APG810。

系统的参数是:

磁气隙场强:477 500 A/m(6 000 Oe)(1 A/m=4$\pi\times10^{-3}$Oe)

气隙宽度:0.001 6 m(0.16 cm)

气隙厚度:0.002 2 m(0.22 cm)

气隙外周长度:0.099 m(9.9 cm)

加注比例:1

不过,该实验是利用跌落法来观察磁液表面变化的,其目的是让磁液形成湍流,使之具有加速度。从其实验中可以得出黏度与气隙宽度对磁液界面稳定性的影响的有关图形等结果,这在文献中有详细讨论。本节的介绍表明 Rayleigh-Taylor 不稳定性分析法(RT 分析法)也可用来对磁液表(界)面进行讨论。

我们的讨论都是以扬声器为研究对象,对含磁液磁路系统中的音圈和磁液进行简化、纯化,建立相应的物理模型,来进行分析、讨论的。当磁流体填充于磁间隙之间,音圈受到一定的外力驱动作用后,会达到一个受迫共振与阻尼共同作用态,为此研究其受迫共振与阻尼共同作用,就具有一定的意义了。

磁液填充于磁间隙之间,使得音圈具有一定的黏性和弹性,在实用性方面,磁液性能和流动运动性能均具有相等重要的意义:这就是我们从静力学和动力学两方面去讨论的出发基点,本节重点在于讨论后者;而这对实际使用意义更大。

本节讨论的是扬声器只是振动膜盘,被看作是一个悬臂梁结构。它可以表征为一个单一振动系统。但对于实际的扬声器来说,它应是由振动膜盘和弹波(定心支片),两个悬臂梁结构的弹性体并联而构成的复合系统作为研究对象来讨论的,若磁液的定心作用能取代弹波,则该讨论同样适用于无弹波系统。而且这种做法对消除非线性失真也会带来好的作用。这时的受力、运动分析,则可结合具体情况而具体分析,当然也应做一些简化处理才行,其方法是共通的。

(3)磁液的非牛顿特性对音圈运动特性的影响

在讨论含磁液磁路系统中,我们已讨论了音圈的力学特性中的静、动力学特性。本节着重介绍的是磁液的非牛顿特性对音圈运动特性的影响。

① 牛顿液体中的音圈共振特性

我们在前面已经讨论了对于将音圈黏结在振膜上的情况,应该隶属二体振动系统。

② 非牛顿液体中音圈的运动

这里着重介绍的是磁液的非牛顿特性对音圈运动特性的影响。我们在研究含磁液的磁路(磁回路)系统中音圈的运动时,是将磁液看作不可压缩黏性液体的,这种不可压缩黏性流体就是通常所谓的牛顿流体。在研究含磁液的磁路(磁回路)系统中,我们取其中一部分,则可简化成处于平行平板间,不可压缩黏性液体磁液处于层流流动状态下的运动状况。人们将剪应力与剪切应变率之间满足线性关系的流体称为牛顿流体,而把不满足线性关系的流体称为非牛顿流体。非牛顿流体可分为假塑性流体、胀塑性流体、宾汉塑性流体等类型。其剪应力与速度梯度的关系如图 2-18 所示。

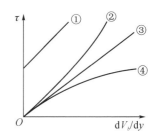

图 2-18　剪应力与速度梯度关系图

图 2-18 为剪应力与速度梯度关系图。图中①为宾汉塑性流体;②为假塑性流体;③为牛顿流体;④为胀塑性流体。磁液在强磁场作用下,呈现出高黏度、低流动性的宾汉(Binghan)体(一种非牛顿流体)特性。其关系如下:

$$\tau = \tau_0 + K \frac{dV_b}{dy} \tag{2-38}$$

式中：τ 为剪应力；τ_0 为初始剪应力；K 为稠（黏）度系数，这里是宾汉黏度系数。而假塑性流体、胀塑性流体、牛顿流体等类型的关系则为：

$$\tau = K \left| \frac{dV_b}{dy} \right|^{n-1} \frac{dV_b}{dy} = \eta \frac{dV_b}{dy} \tag{2-39}$$

式中：n 为流变指数；K 为稠（黏）度系数；η 为表观黏度；$n < 1$ 为假塑性流体；$n = 1$ 为牛顿流体；$n > 1$ 为胀塑性流体。

一般情况下，磁液可认为是牛顿流体，但是，它在高磁场、低黏度，或磁液中磁性粉末具有一定大小分布等情况下，会表现出非牛顿流体的特性，因此，这对研究含磁液的磁路（磁回路）系统中音圈的运动以及扬声器的频响特性是有影响的。磁液是一种由在磁场的存在下被极化的，悬浮在载液中的磁性纳米颗粒组成的胶体混合物。因此，它的一些性质与众不同：它能被磁场限制在给定的空间中，并且它的黏度能被磁场强度所控制。磁液中磁性粉末组成的连锁结构容易在恒定剪切力的作用下分解，导致更低的黏度。为了验证磁场中这种黏度与剪切速率的依赖关系，通常在稳定流动情况下进行实验，如图 2-19 所示。

③ 磁液中的磁粘效应和负黏度特性

当今许多国家大力研究电流变液（Electrorheological Fluid）。它是一种因电场作用而导致液体流动性改变的液体。在对电流变液施加电场的过程中，当电场强

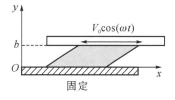

图 2-19 黏度与剪切速率的依赖关系

度加大时，电流变液中固相颗粒首先在两极间形成"链"，随着电场加大，链与链之间相互作用，使链排成"柱"。利用计算机的模拟运算发现，随着电场加大，电流变液先由液态转成为液晶态再转变成固态。类似电流变液的磁流变液（磁液），它是一种由磁场作用而导致液体流动性改变的液体。磁流变液（Magnetorheological Fluid）属可控流体，是智能材料中研究较为活跃的一支。磁流变液是由高磁导率、低磁滞性的微小软磁性颗粒和非导磁性液体混合而成的悬浮体。这种悬浮体在零磁场条件下呈现出低黏度的牛顿流体特性；而在强磁场作用下，则呈现出高黏度、低流动性的宾汉（Binghan）体特性。一般而言，由于磁液在磁场作用下的流变是瞬间的、可逆的，而且其流变后的剪切屈服强

度与磁场强度具有稳定的对应关系,因此是一种用途广泛、性能优良的智能材料。由此,就引申出了两个问题:一是若同时施加电磁场,或施加交变的电磁场(或单独施加其中之一)效果会如何? 二是磁液在受反复施加、交变磁场作用时,是否也会有类似于电流变液的结果? 是否还有材料的"疲劳"特性出现? 这也是值得深入的,因为这对磁液的特性来说是直接相关的。"磁黏效应"表征了浓悬浮液中所有的场致黏度变化 $\Delta\eta$。在没有磁场的情况下,黏度在恒定剪切应力的作用下为 η_0。在恒定磁场中,刚性连锁结构由沿着磁场方向的颗粒形成。因此,载液被迫围绕着连锁结构流动,导致黏度的增加。这个现象于 1969 年被 McTague 在实验中首次观察到,之后在 1972 年被 Shliomis 理论性地解释,并在 1998 年被 Odenbach 发展至更高颗粒浓度、强颗粒间相互作用的商业磁流体。在由振荡磁场引起颗粒旋转的情况下,如果磁场的振荡频率比流动场的旋度更大时,观察到黏度将减小至 $H = 0$ kA/m 以下。这种所谓的"负黏度"现象,在 1994 年被 Shliomis 第一次理论性地研究并且在之后被 Bacri 和 Zeunet 的实验所证实。相反地,在恒定磁场情况下,黏度的减小可能与颗粒之间或者连锁结构之间相互作用的破裂有关。据数据显示,在恒定磁场中,振荡剪切流动对磁流体黏度的影响,除了在零磁场情况下以外,并没有被进行相关研究。

④ 非牛顿液体中磁黏效应的实验研究

非牛顿液体中磁黏效应的实验研究是基于置于间距为 b(图 2-19)的平行平面间的一定体积的液体的切变的配置。下平面是静止的。上平面,在 $y = b$ 处,受到沿着 x 方向的简谐移动。移动的速度是 $y_b(t) = V_0 \cos(\omega t)$,其中 V_0 是幅度,$\omega = 2\pi f$ 是角频率,f 是频率。若假设 c 和 k 分别是磁流体润湿移动平面时的黏滞阻尼系数和刚度系数。c 可被认为是磁场强度 H 在 $y = b$ 处剪切速率的幅度 Γ 和频率 f 的函数。用实验方法可进行研究。

本实验的测量框图如图 2-20 所示。实验装置图如图 2-21 所示。

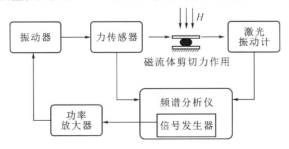

图 2-20 实验的测量框图

非牛顿液体中磁黏效应实验研究的结果如下：

a. 在不同磁场强度下测量黏滞阻尼系数 c 与频率的函数关系

选用的磁液是：APGW10（$\eta_0 = 1.53$ Pa·s，$\rho = 1\,310\ \text{kg/m}^3$），剪切速率幅值 $\Gamma = 25\ \text{s}^{-1}$，测出的黏滞阻尼系数 c 与频率的函数关系如图 2-22 所示。

选用的磁场强度分别为：0 kA/m，18 kA/m，21 kA/m，25 kA/m，29 kA/m，36 kA/m，177 kA/m 和 438 kA/m。

b. 在三种不同磁场强度、三种不同剪切速率幅值下测量黏度 η 与频率的函数关系

三种不同磁场强度 H 分别为：

0 kA/m，36 kA/m 和 438 kA/m

三种不同剪切速率幅值 Γ 分别为：

5 s⁻¹，15 s⁻¹ 和 25 s⁻¹

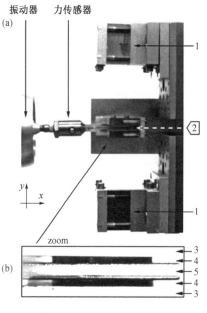

1—永磁体；2—激光振动计；3—静止平板；
4—磁流体密封；5—移动平板。

图 2-21　实验装置图

测出的黏度 η 与频率的函数关系图如 2-23 所示。液体剪切流动与振荡频率有关，黏度随着频率的升高而降低。

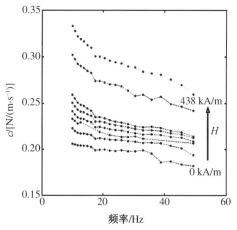

图 2-22　黏滞阻尼系数 c 与频率的函数关系图

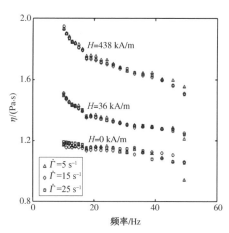

图 2-23　黏度 η 与频率的函数关系（1）

对于不同品种的磁液,在相同磁场强度、相同剪切速率幅值下测量其黏度 η 与频率的函数关系。选用的磁液是:APGW10($\eta_0 = 1.53$ Pa·s, $\rho = 1\,310$ kg/m³),APGW05($\eta_0 = 0.72$ Pa·s, $\rho = 1\,330$ kg/m³),液体剪切流动与振荡频率有关,和图 2-23 所示相同,图 2-24 中黏度也随着频率的升高而降低。

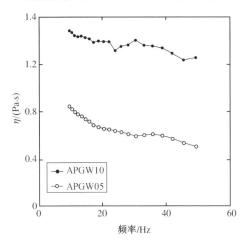

图 2-24　黏度 η 与频率的函数关系(2)

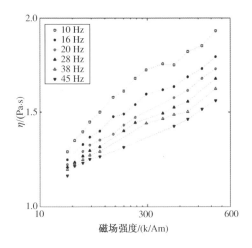

图 2-25　黏度和磁场强度的函数关系

c. 黏度和磁场强度的函数关系

通过观察可得,磁场强度越大,黏度越大。图 2-25 表示了黏度和磁场强度的函数关系。

d. 在恒定磁场下密封的磁液振荡剪切流动对相对黏度变化的依赖性

测量在频率为 0～50 Hz 的振荡剪切流动和磁场强度为 0～438 kA/m 的恒定磁场状态下的两种磁流体的黏度。实验表明黏度随着磁场强度的增大而增大,随着剪切频率的增大而减小,并且对剪切速率幅值的变化并不敏感。磁流体黏度在振荡剪切流动下被发现的概率比在比恒定剪切流动下更低。静磁场下的负黏度效应甚至在无磁场情况下也会发生。具体关系由图 2-26 给出。

综上所述,磁液的非牛顿特性对音圈运动特性的影响,应考虑到音圈在磁液中的运动,磁液黏附在音圈上会使音圈产生附加质量,而且磁液还会增加阻尼和刚度;应考虑到磁场强度,剪切应力幅值和简谐激励频率对磁液黏度变化的影响。音圈的运动方程应改为:

$$(\mu + m_3)\frac{\mathrm{d}^2 x}{\mathrm{d}t^2} + (k + k_3)x + b(H,\ \Gamma,\ f)\frac{\mathrm{d}x}{\mathrm{d}t} = F\cos\omega''t \quad (2\text{-}40)$$

其中，m_3 是磁液黏附在音圈上使音圈产生的附加质量，k_3 为磁液增加的刚度系数。而磁场强度、剪切应力幅值和简谐激励频率对磁液黏度变化的影响，使 b 变成了随磁场强度，剪切应力幅值和简谐激励频率变化的函数。由于参数变化的随机性，式(2-40)稳定的解析解对实际生产意义不大。因此，用实验的方法掌控、优选求得相关参数和条件参数对实际应用而言是有效的。

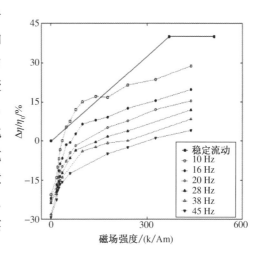

图 2-26 恒定磁场下密封的磁液振荡剪切流动对相对黏度变化的依赖性

但对于实际的扬声器来说，它应是由振动膜盘和弹波（定心支片），两个悬臂梁结构的弹性体并联而构成的复合系统作为研究对象来讨论的。由于磁液本身的黏滞系数不同以及施加磁液量的不同，磁液对音圈的黏滞阻力不同，则这个有阻尼的受迫谐振动，还会出现欠阻尼或过阻尼的状况，这就要在生产控制中进行掌控和优选，使之处于既不过阻尼也不欠阻尼的状态下。

本节综述了磁场强度、剪切应力幅值和简谐激励频率对磁液黏度变化的影响。磁液是填充于磁间隙之间的，它使得音圈具有一定的黏性和弹性，在实用性方面，磁液性能和流动运动性能均具有相等重要的意义。在力学系统中使用磁流体密封技术会导致影响磁流体动力学特性的黏滞阻尼的产生。

对在轴向简谐力作用下的磁流体的局部黏滞特性的研究是有重要意义的。磁场大小、剪切应力的幅值和频率对黏滞特性的影响被列为首选的研究项目。对于在高度饱和磁场下的磁流体颗粒，研究表明其黏度随着磁场强度的增大而增大，随着简谐激励频率的增大而减小，并且对剪切速率幅值的变化并不敏感。

结果表明有磁场构成的连锁结构每周期被破坏两次，也就是说，在任意时刻液体都不是静止的。这些结果将被应用于对一种新型的，移动部分由磁流体密封引导的扬声器的建模。

2.4 其他磁性材料

近年来,材料科学的发展表明,某种材料具有某一特性不单是靠改变其成分的配比而获得的,而是由它的结构决定,并不是它的成分。往往是用小的不均匀性去制定有效的宏观性能。而这种结构又分为从小尺寸(微观)结构上改变和从大尺寸(宏观)结构上改变两大类,现以磁性材料为例做介绍。

2.4.1 巨磁阻材料

这里先介绍一种夹层结构磁材料。这就是巨磁阻材料,磁阻效应可以在磁性材料和非磁性材料相间的薄膜层(几个纳米厚)结构中观察到。而巨磁阻(Giant Magnetoresistance)效应是一种量子力学和凝聚态物理学现象,物质在一定磁场下电阻改变的现象,称为"磁阻效应",磁性金属和合金材料一般都有这种磁电阻现象,通常情况下,物质的电阻率在磁场中仅产生轻微的减小;在某种条件下,电阻率减小的幅度相当大,比通常磁性金属与合金材料的磁电阻值约高 10 倍,称为"巨磁阻效应"(GMR);而在很强的磁场中某些绝缘体会突然变为导体,称为"超巨磁阻效应"(CMR)。

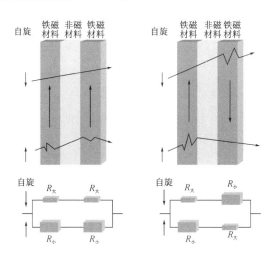

图 2-27　巨磁阻效应原理

如图 2-27 所示,左面和右面的材料结构相同,两侧是磁性材料薄膜层,中间是非磁性材料薄膜层。

左面的结构中,两层磁性材料的磁化方向相同。

当一束自旋方向与磁性材料磁化方向都相同的电子通过时,电子较容易通过两层磁性材料,都呈现小电阻。

当一束自旋方向与磁性材料磁化方向都相反的电子通过时,电子较难通过两层磁性材料,都呈现大电阻。这是因为电子的自旋方向与材料的磁化方向相反,产生散射,通过的电子数减少,从而使得电流减小。

右面的结构中,两层磁性材料的磁化方向相反。

当一束自旋方向与第一层磁性材料磁化方向相同的电子通过时,电子较容易通过,呈现小电阻;但较难通过第二层磁化方向与电子自旋方向相反的磁性材料,呈现大电阻。

当一束自旋方向与第一层磁性材料磁化方向相反的电子通过时,电子较难通过,呈现大电阻;但较容易通过第二层磁化方向与电子自旋方向相同的磁性材料,呈现小电阻。

这种结构物质的电阻值与铁磁性材料薄膜层的磁化方向有关,两层磁性材料磁化方向相反情况下的电阻值,明显大于磁化方向相同时的电阻值,电阻在很弱的外加磁场下具有很大的变化量。早在 1988 年,法国的费尔和德国的格林贝格尔就各自独立发现了这一特殊现象:非常弱小的磁性变化就能导致磁性材料发生非常显著的电阻变化。那时,法国的费尔在铁、铬相间的多层膜电阻中发现,微弱的磁场变化可以导致电阻大小的急剧变化,其变化的幅度比通常高出十几倍,他把这种效应命名为巨磁阻(Giant Magnetoresistance,GMR)效应。有趣的是,就在此前 3 个月,德国尤里希研究中心格林贝格尔教授领导的研究小组在具有层间反平行磁化的铁/铬/铁三层膜结构中也发现了完全相同的现象。强磁性材料在受到外加磁场作用时引起的电阻变化,称为磁电阻效应。不论磁场与电流方向平行还是垂直,都将产生磁电阻效应。前者(平行)称为纵磁场效应,后者(垂直)称为横磁场效应。一般强磁性材料的磁电阻率(磁场引起的电阻变化与未加磁场时电阻之比)在室温下小于 8%,在低温下可增加到 10% 以上。已使用的磁电阻材料主要有镍铁系和镍钴系磁性合金。室温下镍铁系坡莫合金的磁电阻率为 1%～3%,若合金中加入铜、铬或锰元素,可使电阻率增加;镍钴系合金的电阻率较高,可达 6%。与利用其他磁效应相比,利用磁电阻效应制成的换能器和传感器,其装置简单,对速度和频率不敏感。磁电阻材料已用于制造磁记录头、磁泡检测器和磁膜内存的读出器等。下面具体介绍一个传感器的结构。基于巨磁阻效应的传感器，其感应材料主要有三层：参考层（Reference Layer 或 Pinned Layer）、普通层（Normal Layer）和自由层（Free Layer）。如图 2-28 所示，参考层用来固定磁化方向，使其磁化方向不会受到外界磁场方向影响。普通层为非磁性材料薄膜层，可将两层磁性材料薄膜层分隔开。自由层的磁场方向会随着外界平行磁场方向的改变而改变。

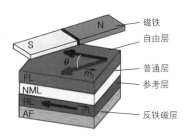

图 2-28 巨磁阻层结构

　　如图 2-29 所示，两侧黑色层代表磁性材料薄膜层，中间灰色层代表非磁性材料薄膜层。灰色粗箭头代表磁性材料磁化方向，白色箭头代表电子自旋方向，黑色细箭头代表电子散射。图(a)表示两层磁性材料磁化方向相同，当一束自旋方向与磁性材料磁化方向都相同的电子通过时，电子较容易通过两层磁性材料，因而呈现低阻抗。而图(b)表示两层磁性材料磁化方向相反，当一束自旋方向与第一层磁性材料磁化方向相同的电子通过时较容易，但较难通过第二层磁化方向与电子自旋方向相反的磁性材料，因而呈现高阻抗。

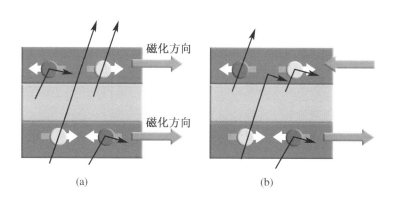

(a)　　　　　　　　　(b)

图 2-29 电子自旋与磁化方向示意图

　　下面对 NVE 公司型号为 AA005-02 的巨磁阻传感器的磁化状态与阻态形式进行介绍。如图 2-30 所示，A 为导电的非磁性薄膜层。在没有外加磁场的状态下，反铁磁耦合的作用使得两侧的 B 层中的磁矩方向处于相反的状态，此时，对流过组件的电流呈现高阻态。

　　如图 2-31 所示，当大于反铁磁耦合的磁场作用于巨磁阻组件时，自由层磁化方向对齐外部磁场方向，此时，电阻急剧下降，对外呈现低阻态。

D 实际外加
磁场方向

图 2-30　高阻态形式　　　　图 2-31　低阻态形式

另外,在巨磁阻电阻传感器方面,由于巨大的 GMR 值和较大的磁场灵敏度,它能大大提高传感器的分辨率、灵敏度、精确度等指标,因此特别能够测量微弱的磁信号,在传感器、电声器件磁场测量方面也有望发挥更大作用;在巨磁阻磁记录读出器磁头方面,由于采用薄膜电阻磁头,能获取高密度磁记录信号;在巨磁阻随机内存方面,由于可采用纳米制造技术,因此可以做出更新型的磁存储器。

来自英国剑桥大学的一位物理学家 Tony Bland 介绍说:这些材料一开始看起来非常玄妙,但是最后发现它们有非常巨大的应用价值。它们为生产商业化的大容量信息内存铺平了道路。同时它们也为进一步探索新物理——比如隧穿磁阻(Tunneling Magnetoresistance,TMR)效应、自旋电子学(Spintronics)以及新的传感器技术等奠定了基础。但是大家应该注意到的是:巨磁阻效应已经是一种非常成熟的旧技术了,目前人们感兴趣的问题是如何开发隧穿磁阻效应,使其成为未来的新技术宠儿。

2.4.2　海尔贝克磁阵列

有关阵列块状材料,我们介绍海尔贝克阵列(Halbach Array)。这是一种宏观大尺寸组合磁体结构系统,它是工程上的近似理想结构,目标是用最少量的磁体产生最强的磁场。

1979 年,美国学者 Klaus Halbach 在做电子加速实验时,发现了这种特殊的永磁铁结构,并逐步完善这种结构,最终形成了所谓的"Halbach"磁铁。其强磁面在一个方向上,相反方向上则磁力很小。

线形海尔贝克磁阵列如图 2-32 所示。图 2-33 是海尔贝克磁阵列磁感线分布图,图(a)是一个单一磁铁,北极全部向上,从图中可以看出磁场的强度位于磁铁的底部和顶部。图(b)是一个海尔贝克阵列,磁铁顶部的磁场较高,而底部则相对薄弱。同等体量下海尔贝克阵列的强侧表面磁场强度约为传统单颗磁铁的$\sqrt{2}$倍(约 1.4 倍),尤其在磁铁充磁方向厚度在 4～16 mm 时。图 2-34 为海尔贝克磁阵列实体与磁感线分布。

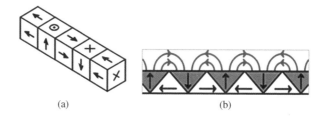

图 2-32　线形海尔贝克磁阵列

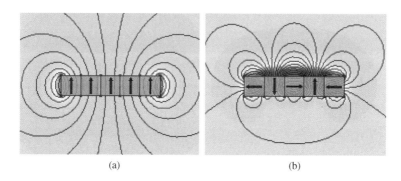

图 2-33　海尔贝克磁阵列磁感线分布

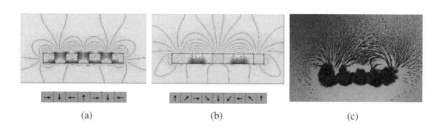

图 2-34　海尔贝克磁阵列实体及磁感线分布

若是采用了平面阵列,磁力增加还有潜力可挖,平面阵列的具体布置如图 2-35 所示。

现以一海尔贝克磁阵列平面振膜耳机为例来进行讨论。

一般而言,平面振膜耳机单元和传统的动圈耳机单元相比,其优势在于没有分割震动,可以获得理想的线性运动,产生的声波相位更加一致、散热性好、还能够承受更大的输入功率、大声压下的失真更低。但是因为平面振膜单元的

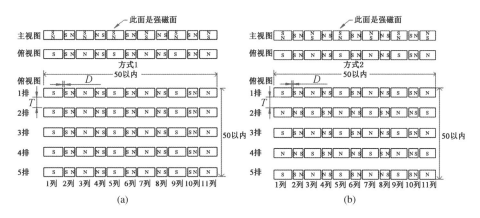

图 2-35 平面阵列海尔贝克磁阵列

体积和质量过大,灵敏度偏低,研发和制造成本高,很难应用于耳机上面,即使有售,价格也很高。而通过振膜和海尔贝克磁钢阵列设计,在保证灵敏度的前提下,缩小磁钢体积,这不仅有效地解决了设计上的难题,大大降低了成本,还可以使平面振膜单元很容易地应用在耳机中,而专用充磁设备的研制,又简化了生产工艺、提高了质量。这将会带动国内更多的声学爱好者来研究平面振膜单元,促进中国的电声技术水平的提高。

图 2-36 是海尔贝克磁阵列平面振膜耳机磁路单元图。传统的动圈式耳机单元磁场是利用华司(即弹簧垫片)将磁力导到音圈,而市面上平面振膜单元也是用此方法。但是单靠华司导引,漏磁无法有效地发挥磁力作用,为了有效地发挥磁场,利用海尔贝克阵列来设计,可用最少量的磁体产生最强的磁场,还可降低由于磁场不均匀而造成的失真。某公司报道:采用直径为 50 mm 的振膜,在磁钢上方约 5 mm 处,若采用传统的设计,利用华司导引磁路,则导到音圈上的有效磁力平均约 0.28 T,但此为理想状况,我们忽略了漏磁现象,实际上大约

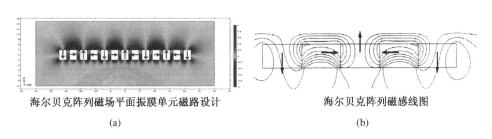

海尔贝克阵列磁场平面振膜单元磁路设计　　　　海尔贝克阵列磁感线图

(a)　　　　　　　　　　　　　　(b)

图 2-36 海尔贝克磁阵列平面振膜耳机磁路单元

只能做到 0.2 T。若利用海尔贝克阵列来设计磁场,且考虑因透气孔增加缝隙可能产生的漏磁,导到音圈的有效磁力平均可达 0.46 T。

这种耳机的振膜与传声器类似,是张紧在平面的绷膜环上的,其谐振频率 f_0 是由膜的质量、厚度、张力及膜环半径决定的,这有别于一般锥体扬声器(受话器),平面膜是有应力状态,一般锥体扬声器(受话器)是自由的无应力状态。

这种耳机的音圈是平面音圈,它是利用光蚀刻的方法做在振膜上的。音圈布线有两种,如图 2-37 所示。图(a)为直线加跑道式布线,图(b)是涡旋式布线。

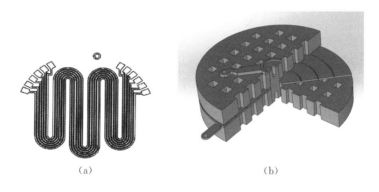

(a)   (b)

图 2-37　音圈布线图

海尔贝克磁阵列平面振膜耳机磁钢的组装有两种:

(1) 传统的组装方式

传统的组装是把一块块小磁钢充磁后进行组装。据某公司的报道:由于海尔贝克数组的磁铁在组装时会产生互相排斥的作用力,所以机构上需要特殊设计来固定磁铁及简化制程。目前,提供四种方案来固定磁铁,方案内所使用的金属均需要无磁性的不锈钢或不导磁金属。

① 使用黏度较强的胶水,使磁铁一一固定。此方式虽然看起来很直观,但对于制程上是比较不利的。因为胶水通常需要固化时间,这段时间得靠夹具作固定,量产上需要制作许多的夹具,加上拆装的时间,比较不经济。

② 将金属钣金件做成 Π 字形卡勾,磁铁与磁铁之间的塑料作为卡勾固定的位置,先将向上力的磁铁摆入,再将 Π 形卡勾摆入,使 Π 形卡勾卡住被盖塑料定位柱,再将向下力的磁铁摆入固定卡勾,使 Π 形卡勾无法移动,固定住 Π 字形卡勾与向上力的磁铁,如图 2-38 所示。

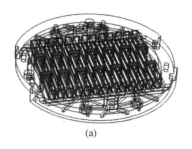 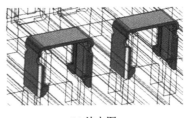

(a)   (b) 放大图

图 2-38 II 字形卡勾固定磁铁的位置

③ 利用贯穿式卡勾勾住向上力的磁铁,在贯穿式卡勾底部使用金属件穿过贯穿式卡勾,使贯穿式卡勾能有效固定向上力的磁铁,此时向上与向下的力可在贯穿金属件上达成平衡,如图 2-39 所示。

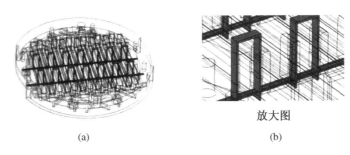

放大图

(a)   (b)

图 2-39 贯穿式卡勾勾住向上力的磁铁

④ 将钣金件做成凹凸形状用来固定向上或向下力的磁铁,同样可以让向上与向下的力在钣金件上达成平衡,且使用的钣金件数减少,但所要求的精确度因为钣金件长度的关系将比较高,如图 2-40 所示。

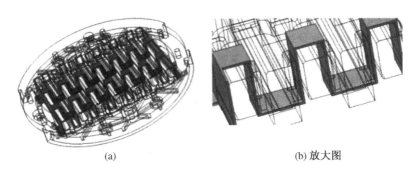

(a)   (b) 放大图

图 2-40 将钣金件做成凹凸形状固定向上或向下力的磁铁

现在磁钢厂生产的磁钢最小尺寸为 0.2 mm×0.2 mm×0.2 mm 加上电镀层的厚度是 0.25 mm，用胶水粘如此小尺寸的已充磁小磁铁，且要求其 N，S 极横向按要求固定，这在工艺上是困难的。

（2）一次充磁组装方式

深圳的麦格雷博公司利用其新开发的充磁机，在小磁钢未磁化前先排列成预期的阵列并按要求胶粘或用其他方法牢牢固定，这是容易的，再用新开发的充磁机一次充磁成功。这不仅简化了工艺，又减少了治、夹具工装，而且保证了生产过程的清洁，减少杂物、尘埃混入，还会大大提高质量、降低成本。

综上所述，此项工作还应继续深入，满足以下的要求：

① 由于平面振膜耳机单元的尺寸越大其工作带宽越佳，而在缩小振膜的情况下，会造成降低声压、起振点往高频偏移减少工作带宽等情况，因此要利用振膜张力、密度、音圈及声平衡孔等综合调整，使工作带宽增加，使用两层或两层以上的平面音圈来调整阻抗。利用海尔贝克磁阵列提升磁场强度来达到产品需要的声压，使平面振膜单元能满足市面上产品需求，让产品多样化的使用。

② 在设计样品上，可从下面两方面努力：

a. 采用固定式海尔贝克阵列磁钢系统，而把音圈做在振膜上的形式。

b. 在振膜上按一定要求涂敷磁粉层，利用新型专用海尔贝克阵列充磁系统充磁，音圈固定并使用美国专利 US8718317B2 技术把平面音圈做在 PCB 板上，制成动磁式的新产品。

③ 这种新型专用海尔贝克阵列充磁机（系统）分为以下两种：

a. 固定式海尔贝克磁阵列一次充磁系统。

b. 新型磁粉涂层专用海尔贝克阵列一次充磁机（系统）。

另外，还有一种环形海尔贝克阵列可视为将直线形海尔贝克阵列首尾相接组合而形成圆环形状。使用海尔贝克阵列结构的永磁电机较传统永磁电机具有更接近正弦分布的气隙磁场，在永磁材料用量相同的情况下，海尔贝克永磁电机气隙磁密度更大，铁损较小。此外海尔贝克圆环阵列还广泛应用于永磁轴承、磁制冷设备和磁共振等设备中。

此外，在海尔贝克阵列的制作和生产方法方面有如下几种：一种是根据阵列的拓扑结构，使用磁体胶将预先已充磁的磁体段粘连在一起，因各磁体段之间的互斥力很强，所以在粘连的时候要使用模具进行夹紧。该方法制造效率较低，但较容易实现，比较适合实验室研究阶段使用。另一种是我们介绍的利用

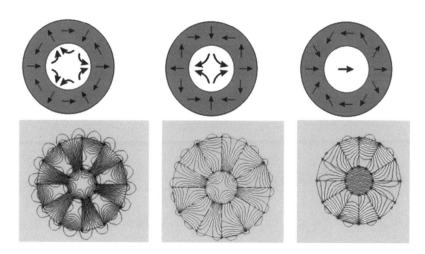

图 2-41　环形海尔贝克磁阵列

充模或压模的方法制造一个完整的磁体,然后在一个特制的夹具中进行充磁,采用该方法加工出的阵列结构和图 2-41 类似。这种方法加工效率高,比较容易实现批量化生产。但需要专门设计充磁夹具和制定充磁工艺。线形海尔贝克磁阵列充磁内部取向图,见图 2-42。

图 2-42　线形海尔贝克磁阵列充磁内部取向

还有一种方法是利用特定形状的绕组阵列来实现海尔贝克型磁场分布,如图 2-43 所示。

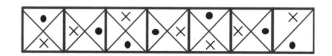

图 2-43　利用特定形状的绕组阵列来实现海尔贝克型磁场分布

第三章

通电线圈的磁场

3.1 电流磁场研究的历史回顾

任何通有电流的导线都可以在其周围产生磁场的现象,称为电流的磁效应。磁现象与电现象是被分别进行研究的。吉尔伯特对磁现象与电现象进行深入分析对比后断言电与磁是两种截然不同的现象,没有什么一致性。之后,许多科学家都认为电与磁没有什么联系,连库仑也曾断言,电与磁是两种完全不同的实体,它们不可能相互作用或转化。但是电与磁是否有一定的联系呢?这个疑问一直萦绕在一些有志探索的科学家的心头。

1731 年,一名英国商人发现,雷电过后,他的一箱刀叉竟然有了磁性。1751 年,富兰克林发现莱顿瓶放电可使缝衣针磁化。但是出现重大转折的事件,是在 1820 年,一位具有哲学头脑的物理学家、化学家发现了电磁之间的微妙关系。这位开路先锋的名字叫奥斯特。1777 年 8 月,奥斯特生于丹麦的路克宾,父亲是一个制药匠,家境贫寒。奥斯特 12 岁即帮父亲制药,因此迷上了化学,17 岁考入哥本哈根大学,攻读理化和药物学,同时对哲学产生了浓厚的兴趣,22 岁获哲学博士学位。大学毕业后,奥斯特曾去柏林旅行,结识了不少科学家。1804 年,他回到丹麦,在哥本哈根大学任自然哲学教授。奥斯特信仰康德的自然哲学观,相信自然界的各种力是统一的,光、电、磁、化学亲和力等在一定条件下可以互相转化。他的博士论文题目就是《康德哲学思想与自然科学》。在这种哲学思想的指导下,他一直试图寻找电力与磁力之间的联系。这是一次雄心勃勃而又目的明确的探索,但是道路是曲折的,他做了许多实验,都未能如愿以偿。起初,奥斯特用莱顿瓶实验,不管莱顿瓶带的电有多强,也没有发现它有磁效应。那么闪电为什么能使小刀磁化呢? 奥斯特想,一定是因为莱顿瓶带的电是静电,而闪电是动电。于是他改用伏打电堆(伏特发明的)产生的电流做实验,但是也失败了。难能可贵的是,奥斯特的探索目标始终是明确的,尽管走了许多弯路,他从未动摇过。1800年伏特发明伏打电堆时,据说一位青年化学家做过一个预测。这位化学家说:下一个划时代的发现,将在"1819又三分之二年,或1820年"实现。有意思的是,恰恰在20年后,他的预言成为现实。富兰克林用莱顿瓶放电使钢针磁化这个发现对奥斯特启发很大,他认识到电向磁转化不是可能不可能的问题,而是如何实现的问题,电与磁转化的条件才是问题的关键。开始奥斯特根据电流通过直径较小的导线会发热的现象推测:如果通电导线的直径进一步缩小,那么导线就会发光;如果直径进一步缩小到一定程度,就会产生磁效应。但奥斯特沿着这个思路探索并未能发现电向磁的转化现象。奥斯特没有因此灰心,仍在不断实验,不断思索,他分析了以往实验都是在电流方向上寻找电流的磁效应,结果都失效了,莫非电流对磁体的作用根本不是纵向的,而是一种横向力,于是奥斯特继续进行新的探索。1820年4月的一天晚上,奥斯特在为精通哲学及具备一定物理知识的学者们讲课时,突然来了"灵感",在讲课结束时说:"让我把通电导线与磁针平行放置来试试看!"于是,他在一个伽伐尼电池的两极之间接上一根很细的铂丝,在铂丝正下方放置一枚磁针,然后接通电源,小磁针微微地跳动,转到与铂丝垂直的方向。小磁针的摆动,对听课的听众来说并没什么,但对奥斯特来说实在太重要了,多年来盼望出现的现象,终于看到了。他又改变电流方向,发现小磁针向相反方向偏转,说明电流方向与磁针的转动之间有某种联系。

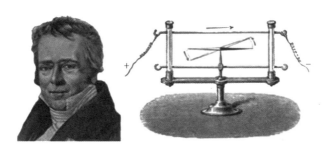

图3-1 奥斯特和电流磁效应

奥斯特为了进一步弄清楚电流对磁针的作用,于1820年4月到7月,花费了3个月的时间,做了60多次实验,他把磁针放在导线的上方、下方,考察了电流对磁针作用的方向;把磁针放在距导线不同距离处,考察电流对磁针作用的强弱;把玻璃、金属、木头、石头、瓦片、松脂、水等放在磁针与导线之间,考察电流对磁针的影响……并于1820年7月21日发表了题为《关于磁针上电流碰撞的实验》的论文,这篇论文仅用 4 页纸,十分简洁地报告了他的实验,向科学界宣布了电流的磁效应(图 3-1)。1820 年 7 月 21 日作为一个划时代的日子被载入史册,它揭开了电磁学的序幕,标志着电磁学时代的到来。

奥斯特当时把电流对磁体的作用称为"电流碰撞",他总结出两个特点:一是电流碰撞存在于载流导线的周围;二是电流碰撞"沿着螺纹方向垂直于导线的螺纹线传播"。奥斯特实验证实了电流所产生的磁力的横向作用,他在 20 年前建立的信念,终于靠自己的实验证实了。

有人说奥斯特的电流磁效应是"偶然地发现了磁针转动",当然也不无道理,但是法国的巴斯德说得好:在观察的领域中,机遇只偏爱那种有准备的头脑。

奥斯特的发现轰动了整个欧洲,对法国学术界的震动很大,法国物理学家阿拉果在瑞士听到了奥斯特发现电流磁效应的消息,十分敏锐地感觉到这一成果的重要性,随即于 1820 年 9 月初从瑞士回到法国。9 月 11 日即向法国科学院报告了奥斯特的这一最新发现,他详细地向科学院的同事们描述了电流磁效应的实验。阿拉果的报告,在法国科学界引起了很大反响。当时,以科学上极为敏感、最能接受他人成果而著称的安培(A.M.Ampere,1775—1836)对此做出了异乎寻常的反应,他于第二天就重复了奥斯特的实验,并加以发展,在一周内于 9 月 18 日向法国科学院提交了第一篇论文,阐述了他重复做的电流对磁针的实验,并提出了圆形电流产生磁性的可能性。安培在这个实验中发现磁针转动的方向与电流方向的关系服从右手定则,后人称其为"安培右手定则"。

此后安培又创造性地扩展了实验内容,研究了电流对电流的作用,这比奥斯特实验大大前进了一步。他又向法国科学院提交了第二篇论文,阐述了他用实验证明了两根平行载流导线,当电流方向相同时相互吸引,当电流方向相反时相互排斥。之后安培又用各种形状的曲线载流导线,研究它们之间的相互作用,并提交了第三篇论文。

在这以后安培又花了两三个月的时间集中力量研究电流之间的相互作用。安培将极精巧的实验和相当高超的数学技巧结合起来,做了以下四个实验。

第一个实验,安培用一无定向秤检验对折通电导线有没有作用力,结果是否定的,从而证明当电流反向时,它产生的作用也相反。

第二个实验,安培仍用一无定向秤检验对折通电导线,只是这时对折导线的另一臂绕成螺旋线,结果也是否定的,从而证明,电流元具有向量性质,即许多电流元的合作用等于各单个电流元所产生的作用的向量和。

第三个实验,安培设计了一个装置,用一端固定于圆心的绝缘柄连着一圆弧形导体,再将圆弧形导线架在两个通电的水银槽上。然而用各种通电线圈对它作用,结果却不能使圆弧形导体沿其电流方向运动。从而证明,作用在电流元上的力是与它垂直的。

第四个实验,安培用1、2、3三个相同的线圈,这三个线圈的线度之比与三线圈间距之比一致,通电后发现:1、3线圈对2线圈的合作用为零。从而证明,各电流强度和相互作用距离增加同样倍数时,作用力不变。

安培总结得出两电流元之间的作用力与距离平方成反比的公式,这就是著名的安培定律。安培于同年12月4日向法国科学院报告了这个极为重要的成果。

为了解释奥斯特效应,安培把磁的本质简化为电流,认为磁体有一种绕磁轴旋进的电流,磁体中的电流与导体中的电流相互作用便导致了磁体的转动。这在某种意义上起到了用电流相互作用力来统一解释各种电磁现象的效果。

但菲涅耳对安培的磁体电流进行了怀疑,他认为磁体中既然有电流,磁体就应当有明显的温升现象,但实际上无法测量出磁体的自发放热。在这种情况下,安培又提出了著名的分子电流假设:磁性物质中每个分子都有一微观电流,每个分子的圆电流形成一个小磁体。在磁性物质中,这些电流沿磁轴方向规律地排列,从而显现一种绕磁轴旋转的电流,如同螺线管电流一样。1827年安培发表了《电动力学现象的理论》,将其电动力学的数学理论牢固地建立在分子电流假设的基础上。

在安培得出电流元相互作用公式之前,法国科学家毕奥(J.B.Biot,1774—1862)和萨伐尔(F.Savart,1791—1841)通过实验得到了载流长直导线对磁极的作用反比于距离 r 的结果。后来法国数学家拉普拉斯(P.S.Laplace,1749—1827)用绝妙的数学分析,帮他们把实验结果提高到理论高度,得出了毕奥-萨伐尔-拉普拉斯定律(简称毕-萨-拉定律)给出了电流元所产生的磁场强度的公式,阐明电流元在空间某点所产生的磁场强度的大小正比于电流元的大小,反比于电流元到该点距离的平方,磁场强度的方向按右手螺旋法则确定。

奥斯特的发现揭示了电现象与磁现象之间的联系,电磁学立即进入了一个崭新的发展时期,法拉第后来评价这一发现时说:它猛然打开了一个科学领域的大门,那里过去是一片漆黑,如今充满光明。人们为了纪念这位博学多才的科学家,从1934年起用"奥斯特"的名字命名磁场强度的单位。

从 1820 年 7 月奥斯特发表电流的磁效应观点到同年 12 月安培提出安培定律,这期间仅仅经历了四个多月的时间。但电磁学经历了从现象的总结到理论的归纳这一质的飞跃,从而开创了电动力学的理论。这些成就的取得不仅体现了科学家作为时代领路人的极强的洞察力,还说明他们都是负责任的电磁学奠基人。

3.2 载流导线和载流线圈的磁场

从上节历史回顾中我们可以看出,电流磁场的发现对于电磁学的发展应该是一个重要的里程碑,而且它对于电磁学在工程中的应用也有非常重大的意义和潜在的发展空间。下面我们就分别给大家介绍有关电流磁场的情况。首先是载流导线,我们可以发现载流导线作为一个典型的磁场源,而且它又能作为磁场施加作用的典型物体来考虑,那么就完全可以认为磁场对电流的作用,实际上,可以看作是电流产生了磁场,而在外磁场中,外磁场对这个电流产生的磁场有力的作用。同时这样的作用也是可逆的,所以这里就告诉我们两点:①是电流产生的磁场;②是外磁场对电流施加力的作用。

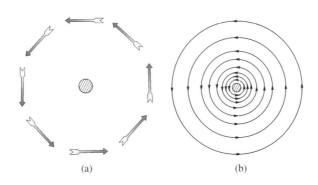

(a)   (b)

图 3-2 载流导线的磁场

图 3-2(a)表示强电流导线附近的罗盘磁针的排列情况。罗盘磁针的黑端为 N 极,图中央的原点表示电流由图面向外流出,和通常一样将正电荷的流动方向取为电流的方向,这样就可以看出小磁针的排列方向。图 3-2(b)是一个载流的圆柱形导体附近的磁感应强度线,中心处的黑点就表示电流是由纸面流出的。

从图 3-3 可以看出,载流导线与外磁场取向是垂直时,导线中的电流引起的磁场与均匀外磁场合成的总的磁场强度应该是这两个磁场强度的向量和，所以从图中可以看出，下面一磁感线的密度是增加的，而上面的密度是减少的。法拉第对这种磁感线提出了一种解释，他认为由于下面的磁感应的力线密度增加，上面的密度减少，这些线就像是有弹性的带子，下面带子的密度大且力量集中，而上面则相反，所以整个载流导线就会向上运动。这个解释很形象，但是，这个是要等到麦克斯韦的电磁场理论出现后，才能进一步

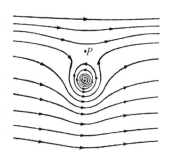

图 3-3　均匀外磁场中载流导线周围磁感线

有明确的解释，现在只能从概念上做形象化的解释。通电导线在磁场中受到的作用力的量化计算则是由法国物理学家安培首先通过实验确定的。它可表述为：将电流为 I，长度为 L 的直导线，置于磁感应强度为 B 的均匀外磁场中，则导线受到的安培力的大小为 $F=IBL\sin\alpha$，式中 α 为导线中 I 方向与 B 方向之间的夹角，F、L、I 及 B 的单位分别为 N（牛顿）、m（米）、A（安培）及 T（特斯拉）。这个被称为安培力的方向垂直于由通电导线和磁场方向所确定的平面，且 I、B 与 F 三者的方向由左手定则判定。任意形状导线在均匀磁场中受到的安培力，可看作无限多直线电流元 $I\Delta L$ 在磁场中受到的安培力的向量和。安培力的重要意义在于，一方面进一步指出了电与磁的相互联系；另一方面是应用价值，工程实际中的电动机的工作原理、动圈扬声器的工作原理等都是基于安培力的。若把导线卷成线圈，载流导线就变成了载流线圈，如图 3-4 所示。

图 3-4 是由载流导线卷成的载流线圈，这是一个绕着很稀疏螺线管的载流线圈。对于图 3-4 中像 P 点这样的各点处，由螺线管各匝上面部分用"⊙"标明，所建立的磁场指向左方，而由下面的部分，用"×"标明，所建立的磁场则是指向右方，因而这两种磁场有相互抵消的趋势，随着螺线管变得越来越理想，我们要考虑的又只是管外中央区的一些点，即远离两端的一些点，那么，把管外的这些地方的磁场取为零，也是可以的。

图 3-5 表示的是一个真实螺线管的磁感线，这个螺线管远不是理想的，因为其管的长度并不远大于管的直径，不过即使是这样的螺线管，在管的中心横截平面上，磁感线的疏密分布仍然表现出管外磁场远弱于管内磁场。右端是 B 线出来处，相当于罗盘磁针的 N 极，左端应是 S 极。由构成螺线管的载流线圈得知：①载流线圈能产生的磁场，是一个磁场源；②载流线圈又是外磁场产生的

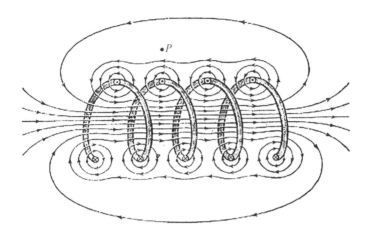

图 3-4　由载流导线卷成的载流线圈

电磁效应的重要组件,这在电声器件中表现得很明显。工程实际中常采用多层的密绕线圈,这样就有第一层和第二层以及相邻层间的连接方式的问题了。其目的是相邻层产生的磁场总是增强的。按物理学和工程技术的定义,有以下几种方式:

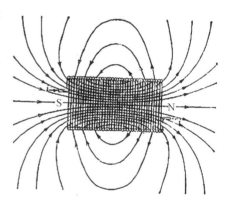

图 3-5　一个有限长螺线管的磁感线

(1) 绕线圈开始端叫"首端",绕制完成端叫"末端"。A 线圈末端与 B 线圈首端相接叫"顺接串联";若 A 线圈末端与 B 线圈末端相接叫"反接串联"。若上层线圈与下层线圈同绕向、顺接串联,磁场方向相同,两个线圈产生的磁通相加,磁场加强,等效电感量加大;若上层线圈与下层线圈不同绕向、反接串联,磁场方向也相同,两个线圈产生的磁通相加,磁场加强,等效电感量也加大。

(2) 上层线圈与下层线圈同绕向、反接串联时,两个线圈产生的磁通相减。磁场减弱,等效电感量减小。顺接时的等效电感量大于反接时的等效电感量。

(3) 上层线圈与下层线圈同绕向、首-首、末-末相接,即为并接,磁场方向相同,但电感量按物理公式计算为减小;上层线圈与下层线圈绕向相反、并接,磁场方向相反,电感量减小甚至为零。

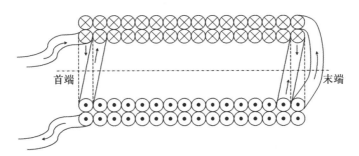

图 3-6　反绕、反接串联式

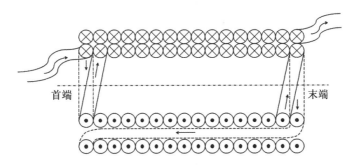

图 3-7　顺绕、顺接串联式

这里介绍的是图 3-6 的反绕、反接串联式和图 3-7 的顺绕、顺接串联式。而线圈的形状上,也有变化,单涡旋结构的线圈如图 3-8 所示。为了节省空间也有把两个涡旋线圈嵌套在一起,像尚未拆开的两片蚊香那样嵌套在一起的。

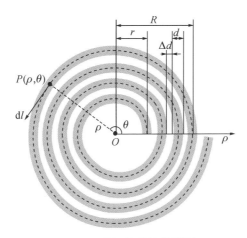

图 3-8　单涡旋结构的线圈

3.3 涡旋结构载流线圈磁场及磁力的解析建模与计算

共轴载流线圈间的磁场和磁力在电磁理论研究、工程装置及实验设备上都有着广泛的运用。对其进行准确的解析建模与计算具有较高的理论和工程价值。目前,已有许多基于各种对称结构的共轴载流线圈的研究以及相应的通用性近似算法的提出。基于非自对称结构的共轴载流线圈的分析以及具有针对性的模型近似受到较少的关注和研究。本书中根据毕奥-萨伐尔(Biot-Savart)定律,基于数学建模和数值分析,计算了涡旋非自对称结构共轴载流线圈磁场和磁力的解析表达式和磁场的空间分布。提出了线圈密绕情况下的近似模型和消除受力不对称性的补偿模型,具有一定的工程应用价值,如应用于电磁超声换能器、非磁钢系统受话器和扬声器等。

如图 3-8 所示,将线圈置于极点和线圈中心重合、极轴和线圈径向平行的极坐标中。线圈的内径为 r,外径为 R,线宽为 d,每一圈的间距为 Δd。在实际应用中,涡旋线圈多为无缝缠绕,故 $\Delta d \to 0$ 时,可得匝数 $N = R - r/d$,d 又是每一圈半径的增量。具有一定线宽的载流线圈中的电流近似为在线圈截面中心通过,如图 3-8 虚线所示,假设线圈半径均匀增大,均匀涡旋,即可确定涡旋线圈上每点电流元的解析坐标 $P(\rho, \theta)$:

$$\rho = r + \frac{R-r}{N}\left(n - 1 + \frac{\theta}{2\pi}\right) \quad n = 1, 2, \cdots, N \tag{3-1}$$

其中,n 表示当前电流元所在的圈数,用 $x = \rho\cos\theta$、$z = \rho\sin\theta$ 即可将 P 点坐标由极坐标转化为直角坐标。将两个共轴涡旋载流线圈如图 3-9 平行摆放,以对称中心为原点,线圈中心连线为 y 轴,线圈1(左)起绕点径向为 x 轴建立空间直角坐标系。

其中线圈 1 的内径为 r_1,外径为 R_1,线宽为 d_1,线圈 2(右)

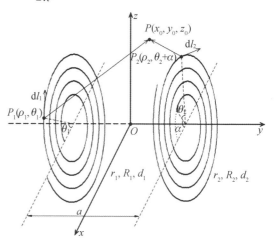

图 3-9 共轴线圈直角坐标系解析图

同理,两线圈相距 a,分别通以 I_1、I_2 的电流。线圈 2 在保持和线圈 1 平行的前提下,在与 xOz 平面平行方向上逆时针旋转了角度 α。 P_1、P_2 分别为线圈 1 和线圈 2 上电流元所在的坐标:

$$\begin{cases} P_1 \in \left(\rho_1 \cos\theta_1 , \ -\dfrac{a}{2} , \ \rho_1 \sin\theta_1 \right) \\ P_2 \in \left[\rho_2 \cos\left(\theta_2 + \alpha\right) , \ \dfrac{a}{2} , \ \rho_2 \sin\left(\theta_2 + \alpha\right) \right] \end{cases} \tag{3-2}$$

如图 3-9 所示,在 P_1、P_2 处各取电流元 $I_1 \mathrm{d}l_1$、$I_2 \mathrm{d}l_2$,运用 Biot-Savart 定律及空间矢量积分,可求得空间中任意一点 $P(x_0 , y_0 , z_0)$ 处的磁感应强度。线圈 1 在 P 点处产生的磁感应强度如式(3-3)所示:

$$\begin{cases} B_{x1} = \dfrac{\mu_0}{4\pi} \left\{ \displaystyle\sum_{n_1=1}^{N_1} \left[\int_0^{2\pi} I_1 \rho_1 \times \dfrac{-\cos\theta_1 \left(y_0 + \dfrac{a}{2}\right)}{rr_1^3} \mathrm{d}\theta_1 \right] \right\} \\ B_{y1} = \dfrac{\mu_0}{4\pi} \left[\displaystyle\sum_{n_1=1}^{N_1} \left(\int_0^{2\pi} I_1 \rho_1 \times \dfrac{z_0 \sin\theta_1 + x_0 \cos\theta_1 - \rho_1}{rr_1^3} \mathrm{d}\theta_1 \right) \right] \\ B_{z1} = \dfrac{\mu_0}{4\pi} \left\{ \displaystyle\sum_{n_1=1}^{N_1} \left[\int_0^{2\pi} I_1 \rho_1 \times \dfrac{-\sin\theta_1 \left(y_0 + \dfrac{a}{2}\right)}{rr_1^3} \mathrm{d}\theta_1 \right] \right\} \end{cases} \tag{3-3}$$

线圈 2 在 P 点处产生的磁感应强度如式(3-4)所示:

$$\begin{cases} B_{x2} = \dfrac{\mu_0}{4\pi} \left\{ \displaystyle\sum_{n_2=1}^{N_2} \left[\int_0^{2\pi} I_2 \rho_2 \times \dfrac{-\cos\left(\theta_2 + \alpha\right)\left(y_0 - \dfrac{a}{2}\right)}{rr_2^3} \mathrm{d}\theta_2 \right] \right\} \\ B_{y2} = \dfrac{\mu_0}{4\pi} \left\{ \displaystyle\sum_{n_2=1}^{N_2} \left[\int_0^{2\pi} I_2 \rho_2 \times \dfrac{z_0 \sin\left(\theta_2 + \alpha\right) + x_0 \cos\left(\theta_2 + \alpha\right) - \rho_2}{rr_2^3} \mathrm{d}\theta_2 \right] \right\} \\ B_{z2} = \dfrac{\mu_0}{4\pi} \left\{ \displaystyle\sum_{n_2=1}^{N_2} \left[\int_0^{2\pi} I_2 \rho_2 \times \dfrac{-\sin\left(\theta_2 + \alpha\right)\left(y_0 - \dfrac{a}{2}\right)}{rr_2^3} \mathrm{d}\theta_2 \right] \right\} \end{cases} \tag{3-4}$$

其中,ρ_1、ρ_2 的取值如式(3-5)所示,rr_1、rr_2 分别为 P 点到 P_1、P_2 的距离:

$$
\begin{cases}
\rho_1 = r_1 + \dfrac{R_1 - r_1}{N_1}\left(n_1 - 1 + \dfrac{\theta_1}{2\pi}\right),\ n_1 = 1,\ 2,\ \cdots,\ N_1 \\[3mm]
\rho_2 = r_2 + \dfrac{R_2 - r_2}{N_2}\left(n_2 - 1 + \dfrac{\theta_2}{2\pi}\right),\ n_2 = 1,\ 2,\ \cdots,\ N_2 \\[3mm]
rr_1 = \sqrt{x_0^2 - 2x_0\rho_1\cos\theta_1 + z_0^2 - 2z_0\rho_1\sin\theta_1 + \rho_1^2 + \left(y_0 + \dfrac{a}{2}\right)^2} \\[3mm]
rr_2 = \sqrt{x_0^2 - 2x_0\rho_2\cos(\theta_2 + \alpha) + z_0^2 - 2z_0\rho_2\sin(\theta_2 + \alpha) + \rho_2^2 + \left(y_0 - \dfrac{a}{2}\right)^2}
\end{cases}
\tag{3-5}
$$

综上，P 点处的磁感应强度大小为

$$
B = \sqrt{(B_{x1} + B_{x2})^2 + (B_{y1} + B_{y2})^2 + (B_{z1} + B_{z2})^2}
\tag{3-6}
$$

对载流线圈 2 进行受力分析，其处于载流线圈 1 产生的磁场中。根据安培力的计算公式 $\mathrm{d}F = I\mathrm{d}l \times B$，当 $P(x_0,\ y_0,\ z_0)$ 点满足线圈 2 的参数方程时，在 P 处取电流元 $I_2\mathrm{d}l_2$，P 处的磁感应强度如式(3-3)所示。运用空间矢量积分，可求得线圈 2 的受力，如式(3-7)所示，其中 ρ_2 的取值如式(3-5)所示。

$$
\begin{cases}
F = \sqrt{F_x^2 + F_y^2 + F_z^2} \\[3mm]
F_x = \displaystyle\sum_{n_2=1}^{N_2}\left\{\int_0^{2\pi} I_2\rho_2 \times \left[-B_{y1}\cos(\theta_2 + \alpha)\right]\mathrm{d}\theta_2\right\} \\[3mm]
F_y = \displaystyle\sum_{n_2=1}^{N_2}\left\{\int_0^{2\pi} I_2\rho_2 \times \left[B_{z1}\sin(\theta_2 + \alpha) + B_{x1}\cos(\theta_2 + \alpha)\right]\mathrm{d}\theta_2\right\} \\[3mm]
F_z = \displaystyle\sum_{n_2=1}^{N_2}\left\{\int_0^{2\pi} I_2\rho_2 \times \left[-B_{x1}\sin(\theta_2 + \alpha)\right]\mathrm{d}\theta_2\right\}
\end{cases}
\tag{3-7}
$$

由于解析表达式中存在椭圆积分，无法求出 B 和 F 积分运算后的精确表达式，故对上述模型的各参数取一组特殊值，运用 MATLAB 软件对磁场空间分布和受力进行数值模拟分析和作图讨论。

令 $r_1 = r_2 = 0$、$R_1 = R_2 = 5$、$d_1 = d_2 = 0.2$、$I_1 = I_2 = 1$、$a = 5$、$\alpha = 0$，则为两密绕的，等圈数($N_1 = N_2 = 20$) 的，等内径、外径的，等电流的，线圈间距等于外径的，线圈 2 偏角为 0 的两共轴涡旋载流线圈。

如图 3-9 所示，分别截取 $y = 0$、$y = a/4$、$y \approx a/2$、yOz、xOy 平面，对磁场空间分布进行数值积分和作图。其中，图 3-10、图 3-11 分别为 $y = 0$、$y = a/4$ 截面磁场 B 的三维图，图 3-12、图 3-13 分别为 yOz、xOy 截面磁场 B 的二

维等高图。因 $y=a/2$ 平面 B 分布存在极限区域,不方便作图表示,故图 3-14 为 $y\approx a/2$ 截面磁场在 x、y、z 方向上的分量 B_x、B_y、B_z 以及 B 的三维图。

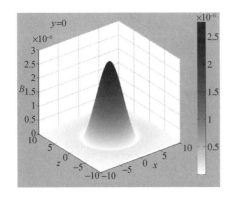

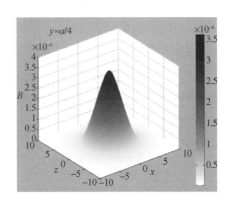

图 3-10　$y=0$ 截面磁场 B 分布三维图　　　图 3-11　$y=a/4$ 截面磁场 B 分布三维图

　　比较分析图 3-10～图 3-11、图 3-14 可得,$y=C$(C 为常数)截面上,磁场分布的不对称度随着与某一线圈靠近程度的增大而增加,$y=0$ 截面处的磁场分布可认为是均匀对称的,而 $y\approx a/2$ 截面处的磁场分布则明显反映出线圈本身的涡旋结构,具有较高的不对称度。如图 3-15 所示,为 $y\approx a/2$ 截面磁场 B 的三维俯视图。

　　比较分析图 3-12、图 3-13 可得,yOz 截面和 xOy 截面处的磁场分布非常相似,具有较高的对称性,仅在方向上相差 $\pi/2$ 角度。此外,观察二维等高图中间部分白色区域处(B 较高处),可以发现,白色区域的数目非常准确地反映出线圈涡旋的圈数,与实际情况相吻合。

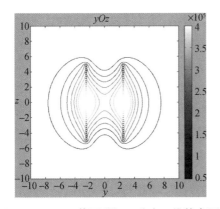

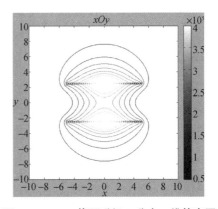

图 3-12　yOz 截面磁场 B 分布二维等高图　　　图 3-13　xOy 截面磁场 B 分布二维等高图

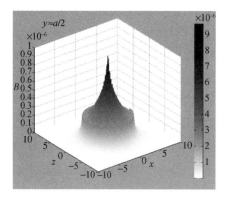

（a）$y \approx a/2$ 截面磁场 B 分布三维图

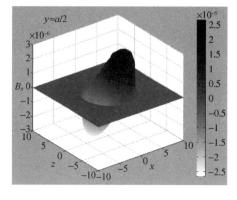

（b）$y \approx a/2$ 截面磁场 B_x 分布三维图

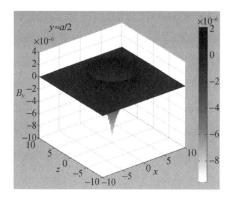

（c）$y \approx a/2$ 截面磁场 B_y 分布三维图

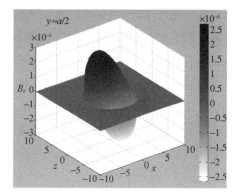

（d）$y \approx a/2$ 磁场 B_z 分布三维图

图 3-14　$y \approx a/2$ 截面磁场 B 分布三维图

基于数值积分运算,利用先前计算出的磁感应强度,可较为方便地计算出线圈的受力。其具体值将在下面补偿模型中进行详细的讨论。

（1）磁场近似模型

基于上述对共轴涡旋载流线圈磁场分布的分析讨论,可以发现在线圈密绕的情况下,磁场的分布除了在一些极限区域（靠近线圈的区域）不对称度较高外,在其他大部分区域都有较高的均匀度和对称度。可基于以上结果对上文中提出的涡旋结构线

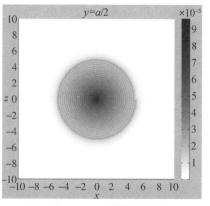

图 3-15　$y \approx a/2$ 截面磁场 B
分布三维俯视图

圈模型进行近似处理。

　　将半径均匀增加的 N 圈涡旋线圈近似为由每一圈半径固定的 N 圈同心圆形线圈组成的线圈组。其中电流在线圈组中连续同向流过(忽略线圈间连接部分造成的不对称误差),第 n 圈线圈的半径 ρ 如式(3-8)所示,将(3-8)式代入式(3-3)、式(3-4)中即可求得近似模型下的磁感应强度分布。

$$\rho = r + \frac{R-r}{N}n \quad n = 1,\, 2,\, \cdots,\, N \qquad (3-8)$$

　　针对解析模型磁场计算量较大的问题,由于近似模型的每一圈的半径都是固定的,可以大大减小运算量,故非常适合于只需粗略计算磁场而不需精确计算的场合。

　　(2) 受力补偿模型

　　针对涡旋结构造成的极大的受力不对称性,需通过改变线圈绕线方法补偿。如图3-9所示,令 $\alpha = \pi$,即将线圈2平行逆时针旋转到和线圈1涡旋方向相反的位置,将两线圈移至同一平面作为新的补偿绕线模型,如图3-16所示。将补偿绕线线圈分别代替图中的线圈1和线圈2,由于图3-16线圈模型的结构在空间上呈梳齿状咬合,仅需保持线圈电流同向的同时,采用两股线宽为 $d/2$ 的线圈涡旋缠绕,并将所通电流减半,即可很好地在几乎不改变磁场分布的情况下,消除共轴涡旋载流线圈磁力的不对称性。

　　对近似模型和补偿模型磁场和磁力进行数值积分,采用同一组特殊值,与上文计算出的实际磁场分布和线圈受力进行比较和误差分析,如表3-1、表3-2、图3-17所示。

　　当共轴涡旋载流线圈采用如图3-16所示的补偿绕线结构时,可采用如式(3-8)所示的近似模型对磁场和磁力均进行有效的近似,在大大减小计算量的同时,又保证了较低的近似误差。当共轴涡旋载流线圈采用图3-8所示的一般结构时,近似模型仅能有效地对磁场分布进行近似,不能对受力进行有效近似。图3-17表示磁感应强

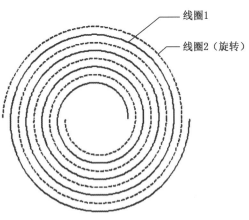

图3-16　补偿绕线模型示意图

度大小沿着 y 轴的分布图,其中实线表示实际磁场分布,短虚线表示近似模型磁场分布,长虚线表示补偿模型磁场分布。

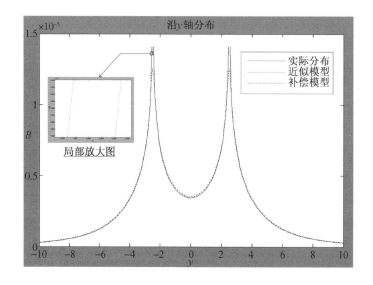

图 3-17   沿 y 轴 B 分布比较图

表 3-1 列出了磁感应强度大小沿着 y 轴若干点的实际分布情况,并分别列出了近似模型、补偿模型磁场与实际分布的相对误差。

表 3-1   各模型沿 y 轴 B 分布的相对误差

y 轴坐标	—6	—4	—2	0	2	4	6
实际分布/μ	1.215 7	3.329 5	6.967 1	3.450 8	6.967 1	3.329 5	1.215 7
近似模型/%	3.515 7	2.079 6	1.253 7	2.598 8	1.253 7	2.079 6	3.515 7
补偿模型/%	0.005 0	0.000 6	0.000 2	0	0.000 2	0.000 6	0.005 0

观察表 3-1 和图 3-17 可以发现,近似模型、补偿模型对磁场分布有非常好的近似效果。其中近似模型误差稍大,而补偿模型几乎不改变磁场分布,细微的误差(如表 3-1 所示)在图 3-17 中必须通过局部放大图才可看出。

表 3-2 分别列出了实际情况、近似模型、补偿模型中线圈 2 的受力情况,并列出了近似模型对补偿模型进行近似时的近似误差。

表 3-2　各模型线圈受力及误差

线圈受力	F	F_x	F_y	F_z
实际情况	7.071 1	0	−5.000 1	4.999 9
近似模型/μ	95.122	0	−95.122	0
补偿模型/μ	87.693	0	−87.693	0
近似误差/%	8.471 6	0	8.471 6	0

观察表 3-2 可以发现,实际情况下,由于线圈涡旋结构的不对称性,线圈 2 的受力不仅非常大,而且存在极大的不对称性,方向与 y 轴约呈 45°,密绕情况下的近似模型虽能有效地对磁场进行近似,但不能对受力进行有效近似,需对受力近似进行补偿,这极大地限制了共轴涡旋结构载流线圈的工程应用。采用补偿绕线法后,可以发现,线圈 2 受力的不对称性已被非常好地消除,并且近似模型对补偿模型的线圈受力的近似误差在较小的可控范围之内,具有较高的工程应用性。补偿结构之所以能够抵消受力的不均衡性,主要原因就是补偿结构关于原点成中心对称。相当于线圈从第一象限翻到了第三象限。

若改变绕线方向相当于线圈关于 x 轴对称或者 y 轴对称,相当于线圈从第一象限翻到了第二象限或第四象限。那么,根据中心对称的原则,反向绕线的第二象限和第四象限的线圈应该也互为补偿。(图 3-18、图 3-19)

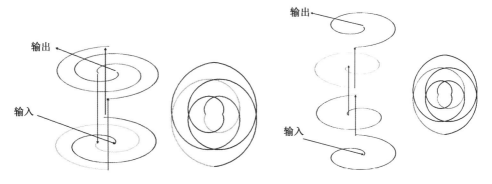

图 3-18　将补偿做在同一个平面　　　　图 3-19　将补偿做在不同平面

这个方法能满足反绕、反接、串联的连接方式,四个线圈电流的流向均相同,产生的磁场相互叠加,同时沿轴线受力均匀,且连接部分不需要多余的走线,直接垂直打孔即可。

设计中的线圈是平面涡旋线圈多层联结复合线圈。线圈电流方向要注意,要使总的磁场一致并得到加强。平面涡旋线圈多层联结复合线圈绕制中,多层线圈连接的方法是个难点,以设计中线圈绕制的连接方法为例,按物理学和工程技术的定义,有图 3-18、图 3-19 所示的两种方式。图里有两种 PCB 制作方式,一种是将补偿做在同一个平面上,另一种是做在不同平面上。做在同一个平面时,走线会有向上和向下的部分,不过影响不大,同时工艺上也是可以实现的。

基于 Biot-Savart 定律和空间矢量积分法,通过数学建模计算了磁场和磁力的解析表达式。运用 MATLAB 软件,代入一组特殊取值,进行了磁场和磁力的数值分析及模拟作图,并对模拟分析结果进行了一定的讨论。基于数值模拟结果,提出了线圈密绕情况下的近似模型和消除受力不对称性的补偿模型,进行了相应的误差分析。

近似模型在线圈采用补偿绕线法时,可有效地对磁场分布和受力进行近似;而在线圈采用一般涡旋结构时,近似模型仅能有效地对磁场分布进行近似,需对受力近似进行一定的补偿。

共轴涡旋载流线圈可代替一种非磁钢系统受话器和扬声器中的共轴载流单线圈结构,降低线圈在高度方向上的尺寸,从而实现小型化,具有一定的工程应用价值和良好的发展前景。

3.4 两个共轴载流密绕线圈的相互作用与非磁钢系统受话器(扬声器)的设计

3.4.1 载流密绕线圈精确模型

载流线圈组的建模与仿真是非磁钢系统平面受话器(扬声器)的设计基础。两密绕平面线圈通以同方向的电流时,两者受力表现为相吸的力的作用,若通以反方向的电流时,两者表现为相斥的力的作用,若通以交变的电流,则其相应的作用力也随交变电流的变化而变化,这就是非磁钢系统平面受话器(扬声器)的基本物理原理。根据此物理原理进行数学建模,则可为样品设计的实际实现提供坚实的理论支撑。载流线圈的结构如图 3-20 所示,将线圈置于原点和线圈在 xOz 平面投影的中心重合的空间直角坐标系中。线圈的半径为 R,线宽为 d,每一圈的间距为 Δd,圈数为 N。在实际应用中,涡旋线圈多为无缝密绕,故 $\Delta d \to 0$。将具有一定线宽的载流线圈中的电流 I 近似为线圈截面中心通过,假

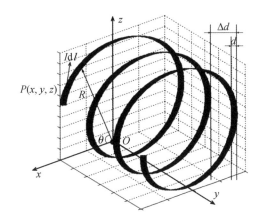

图 3-20　精确模型直角坐标解析图

设线圈均匀密绕,即可确定涡旋线圈上每点电流元 dl 的解析坐标为 $P = (R\cos\theta, d \times \theta/2\pi, R\sin\theta)$,其中 $\theta \in (0, 2\pi N)$。

3.4.2　共轴载流密绕线圈精确模型及磁场分布与磁力精确解析表达式计算

将两个共轴载流密绕线圈如图 3-21 平行摆放,以对称中心为原点,线圈中心联机为 y 轴,线圈起绕点径向为 x 轴,建立空间直角坐标系。

其中,线圈 1 的半径为 R_1,线宽为 d_1,圈数为 N_1,线圈 2(右)同理,两线圈相距

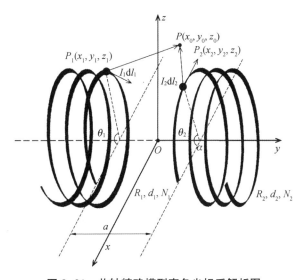

图 3-21　共轴精确模型直角坐标系解析图

a，分别通以 I_1、I_2 的电流。P_1、P_2 分别为线圈 1 和线圈 2 上电流元所在的坐标，其中 $\theta_i \in (0, 2\pi N_i)$：

$$\begin{cases} P_1 \in \left[R_1\cos\theta_1,\ -(a/2 + d_1 \times \theta_1/2\pi),\ R_1\sin\theta_1\right] \\ P_2 \in (R_2\cos\theta_2,\ a/2 + d_2 \times \theta_2/2\pi,\ R_2\sin\theta_2) \end{cases} \tag{3-9}$$

如图 3-21 所示，在 P_1、P_2 处各取电流元 $I_1\mathrm{d}l_1$、$I_2\mathrm{d}l_2$，运用 Biot-Savart 定律及空间矢量积分，可求得空间中任意一点 $P(x_0,\ y_0,\ z_0)$ 处的磁感应强度。

$$\begin{cases} I_1\mathrm{d}l_1 = I_1R_1\mathrm{d}\theta_1(-\sin\theta_1 i + \cos\theta_1 k) + I_1 d_1/2\pi j \\ I_2\mathrm{d}l_2 = I_2R_2\mathrm{d}\theta_2(-\sin\theta_2 i + \cos\theta_2 k) - I_2 d_2/2\pi j \end{cases} \tag{3-10}$$

线圈 1 在 P 点处产生的磁感应强度如式 (3-11) 所示：

$$\begin{cases} B_{x1} = \dfrac{\mu_0 I_1}{4\pi}\displaystyle\int_0^{2\pi N1}\left[\dfrac{-R_1\cos\theta_1\left(y_0 + \dfrac{a}{2} + d_1 \times \dfrac{\theta_1}{2\pi}\right) + \dfrac{d_1}{2\pi(z_0 - R_1\sin\theta_1)}}{r_1^3}\right]\mathrm{d}\theta_1 \\[4mm] B_{y1} = \dfrac{\mu_0 I_1}{4\pi}\displaystyle\int_0^{2\pi N1}\left[\dfrac{R_1 \times (z_0\sin\theta_1 + x_0\cos\theta_1 - R_1)}{r_1^3}\right]\mathrm{d}\theta_1 \\[4mm] B_{z1} = \dfrac{\mu_0 I_1}{4\pi}\displaystyle\int_0^{2\pi N1}\left[\dfrac{-R_1\sin\theta_1\left(y_0 + \dfrac{a}{2} + d_1 \times \dfrac{\theta_1}{2\pi}\right) - \dfrac{d_1}{2\pi(x_0 - R_1\cos\theta_1)}}{r_1^3}\right]\mathrm{d}\theta_1 \end{cases}$$

$$\tag{3-11}$$

线圈 2 在 P 点处产生的磁感应强度如式 (3-12) 所示：

$$\begin{cases} B_{x2} = \dfrac{\mu_0 I_2}{4\pi}\displaystyle\int_0^{2\pi N2}\left\{\dfrac{-R_2\cos\theta_2\left[y_0 - \left(\dfrac{a}{2} + d_2 \times \dfrac{\theta_2}{2\pi}\right)\right] - \dfrac{d_2}{2\pi(z_0 - R_2\sin\theta_2)}}{r_2^3}\right\}\mathrm{d}\theta_2 \\[4mm] B_{y2} = \dfrac{\mu_0 I_2}{4\pi}\displaystyle\int_0^{2\pi N2}\left[\dfrac{R_2 \times (z_0\sin\theta_2 + x_0\cos\theta_2 - R_2)}{r_2^3}\right]\mathrm{d}\theta_2 \\[4mm] B_{z2} = \dfrac{\mu_0 I_2}{4\pi}\displaystyle\int_0^{2\pi N2}\left\{\dfrac{-R_2\sin\theta_2\left[y_0 - \left(\dfrac{a}{2} + d_2 \times \dfrac{\theta_2}{2\pi}\right)\right] + \dfrac{d_2}{2\pi(x_0 - R_2\cos\theta_2)}}{r_2^3}\right\}\mathrm{d}\theta_2 \end{cases}$$

$$\tag{3-12}$$

其中 r_1、r_2 分别为 P 点到 P_1、P_2 的距离：

$$\begin{cases} r_1 = \sqrt{x_0^2 - 2x_0 R_1 \cos\theta_1 + z_0^2 - 2z_0 R_1 \sin\theta_1 + R_1^2 + (y_0 + a/2 + d_1 \times \theta_1/2\pi)^2} \\ r_2 = \sqrt{x_0^2 - 2x_0 R_2 \cos\theta_2 + z_0^2 - 2z_0 R_2 \sin\theta_2 + R_2^2 + [y_0 - (a/2 + d_2 \times \theta_2/2\pi)]^2} \end{cases}$$

$$(3\text{-}13)$$

综上，P 点处的磁感应强度大小为

$$B = \sqrt{(B_{x1} + B_{x2})^2 + (B_{y1} + B_{y2})^2 + (B_{z1} + B_{z2})^2} \qquad (3\text{-}14)$$

对载流线圈 2 进行受力分析，其处于载流线圈 1 产生的磁场中。根据安培力的计算公式 $\mathrm{d}F = I\mathrm{d}l \times B$，当 $P(x_0, y_0, z_0)$ 点满足线圈 2 的参数方程时，在 P 处取电流元 $I_2\mathrm{d}l_2$，P 处的磁感应强度如式(3-12)所示。运用空间矢量积分，可求得线圈 2 的受力，如式(3-15)所示。

$$\begin{cases} F = \sqrt{F_x^2 + F_y^2 + F_z^2} \\ F_x = \int_0^{2\pi N_2} I_2 \left[R_2 \times (-B_{y1}\cos\theta_2) + d_2 B_{z1}/2\pi \right]\mathrm{d}\theta_2 \\ F_y = \int_0^{2\pi N_2} I_2 \left[R_2 \times (B_{z1}\sin\theta_2 + B_{x1}\cos\theta_2) \right]\mathrm{d}\theta_2 \\ F_z = \int_0^{2\pi N_2} I_2 \left[R_2 \times (-B_{y1}\sin\theta_2) - d_2 B_{x1}/2\pi \right]\mathrm{d}\theta_2 \end{cases}$$

$$(3\text{-}15)$$

3.4.3　共轴载流密绕线圈近似模型

当 $r_i \gg d_i$ 时，$d_i/r_i \to 0$，即可将 $\theta \in [2\pi n, 2\pi(n+1)]$ 内线圈在 y 方向的增量忽略不计，对精确模型进行近似处理，看成原点均在 y 轴，且所在平面与 xOz 平面平行的，y 轴坐标递进的同心圆组，如图 3-22 所示，建立近似模型，便于计算。P_1、P_2 在线圈 1 和线圈 2 上电流元所在的坐标分别变为式(3-16)所示，其中 $n_1 \in (0, N_1 - 1)$，$n_2 \in (0, N_2 - 1)$，$\theta_1 \in (0, 2\pi)$，$\theta_2 \in (0, 2\pi)$：

$$\begin{cases} P_1 \in \left[R_1 \cos\theta_1, -(a/2 + d_1 \times n_1), R_1 \sin\theta_1 \right] \\ P_2 \in (R_2 \cos\theta_2, a/2 + d_2 \times n_2, R_2 \sin\theta_2) \end{cases}$$

$$(3\text{-}16)$$

因此，基于近似模型的线圈的磁场分布即磁力表达式为：

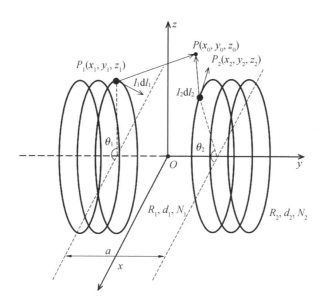

图 3-22　共轴近似模型直角坐标系解析图

$$
\begin{cases}
B_{x1} = \dfrac{\mu_0 I_1 R_1}{4\pi} \left\{ \sum_{n_1=0}^{N_1-1} \left[\int_0^{2\pi} \dfrac{-\cos\theta_1(y_0 + a/2 + d_1 \times n_1)}{r_1^3} \mathrm{d}\theta_1 \right] \right\} \\[3mm]
B_{y1} = \dfrac{\mu_0 I_1 R_1 N_1}{4\pi} \int_0^{2\pi} \dfrac{(z_0 \sin\theta_1 + x_0 \cos\theta_1 - R_1)}{r_1^3} \mathrm{d}\theta_1 \\[3mm]
B_{z1} = \dfrac{\mu_0 I_1 R_1}{4\pi} \left\{ \sum_{n_1=0}^{N_1-1} \left[\int_0^{2\pi} \dfrac{-\sin\theta_1(y_0 + a/2 + d_1 \times n_1)}{r_1^3} \mathrm{d}\theta_1 \right] \right\}
\end{cases}
\tag{3-17}
$$

$$
\begin{cases}
B_{x2} = \dfrac{\mu_0 I_2 R_2}{4\pi} \left\{ \sum_{n_2=0}^{N_2-1} \left[\int_0^{2\pi} \dfrac{-\cos\theta_2\left(y_0 - (a/2 + d_2 \times n_2)\right)}{r_2^3} \mathrm{d}\theta_2 \right] \right\} \\[3mm]
B_{y2} = \dfrac{\mu_0 I_2 R_2 N_2}{4\pi} \int_0^{2\pi} \dfrac{(z_0 \sin\theta_2 + x_0 \cos\theta_2 - R_2)}{r_2^3} \mathrm{d}\theta_2 \\[3mm]
B_{z2} = \dfrac{\mu_0 I_2 R_2}{4\pi} \left\{ \sum_{n_2=0}^{N_2-1} \left[\int_0^{2\pi} \dfrac{-\sin\theta_2\left(y_0 - (a/2 + d_2 \times n_2)\right)}{r_2^3} \mathrm{d}\theta_2 \right] \right\}
\end{cases}
\tag{3-18}
$$

$$
\begin{cases}
r_1 = \sqrt{x_0^2 - 2x_0 R_1 \cos\theta_1 + z_0^2 - 2z_0 R_1 \sin\theta_1 + R_1^2 + (y_0 + a/2 + d_1 \times n_1)^2} \\[2mm]
r_2 = \sqrt{x_0^2 - 2x_0 R_2 \cos\theta_2 + z_0^2 - 2z_0 R_2 \sin\theta_2 + R_2^2 + [y_0 - (a/2 + d_2 \times n_2)]^2}
\end{cases}
$$

$$
\tag{3-19}
$$

$$
B = \sqrt{(B_{x1} + B_{x2})^2 + (B_{y1} + B_{y2})^2 + (B_{z1} + B_{z2})^2}
\tag{3-20}
$$

$$\begin{cases} F = \sqrt{F_x^2 + F_y^2 + F_z^2} \\ F_x = \sum_{n_2=0}^{N2-1} \left[\int_0^{2\pi} I_2 R_2 \times (-B_{y1} \cos \theta_2) \mathrm{d}\theta_2 \right] \\ F_y = \sum_{n_2=0}^{N2-1} \left[\int_0^{2\pi} I_2 R_2 \times (B_{z1} \sin \theta_2 + B_{x1} \cos \theta_2) \mathrm{d}\theta_2 \right] \\ F_z = \sum_{n_2=0}^{N2-1} \left[\int_0^{2\pi} I_2 R_2 \times (-B_{y1} \sin \theta_2) \mathrm{d}\theta_2 \right] \end{cases} \quad (3\text{-}21)$$

由于解析表达式中存在椭圆积分,无法求出 B 和 F 积分运算后的精确表达式,故对上述模型的各参数取一组特殊值,运用 MATLAB 软件对磁场空间分布和受力进行数值模拟分析和作图。本书对此不做讨论。本书讨论的样品,受话器磁钢的直径约为 12 mm,高约为 2 mm;扬声器磁钢的直径同样约为 12 mm,高约为 4 mm。基于以上几何结构数据,设计线圈的结构,忽略线径,模拟计算相应产生的磁场大小,并算出同样半径的线圈,需要达到与受话器和扬声器磁钢相同数量级的磁场强度时,一般需要多少圈数。假设通以 1 A 的电流,经过模拟,可得圈数分别约为 760 和 1 900 时可产生相等的磁场,圈数分别约为 90 和 950 时产生相同数量级的磁场,正常绕线机能绕制的圈数对实际实现是远远不够的,可见载流线圈难以产生与磁钢所比拟的磁场,这与主观预估一致,因此需要对绕线方法进行单独设计。

3.4.4　载流线圈绕线及结构设计

通过对自动绕线机生产线圈方式的研究,发现可以通过增加层数的方式进一步提高线圈的总体圈数,如图 3-23 所示。此时可生产圈数较多且径向较厚的多圈多层密绕制线圈。基于该结构,采用近似计算的方式,对线圈绕制方式进行进一步的设计和模拟。结果表明,虽然不能较好地替代扬声器的磁钢,但是受话器的磁钢能基本实现在同一数量级。因此,与扬声器相比,本节的非磁钢系统平面结构更加适用于受话器的设计和实现。

非磁钢系统扬声器设计先依据××公司的一款 ϕ 52 mm 的扬声器模具,生产符合受话器规格的电声器件来进行原理的验证,其 CAD 图如图 3-24 所示。实际应用中将此扬声器当作受话器使用,从而设计耳机样品,进行样品的测试等工作。

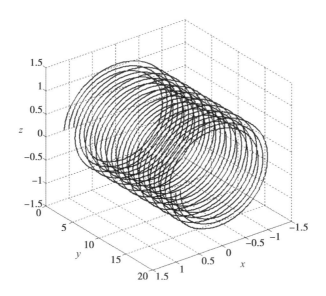

图 3-23　多层多圈载流线圈密绕方案示意图

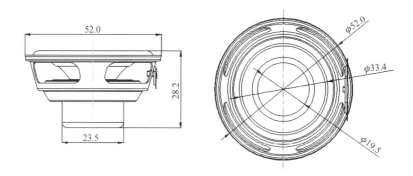

图 3-24　××公司现有的一款扬声器的 CAD 图纸(单位:mm)

扬声器主要由磁钢、导磁板(T 铁、极片)、盆架(支架)、定心支片(弹波)、音圈、振膜和防尘帽等部件组成,如图 3-25 所示。因此,在非磁钢系统平面受话器(扬声器)的设计中,可在去除磁铁后,充分利用 T 铁周围的多余空间,用以代替磁钢的线圈的绕制与固定工作,并以塑料壳填充中间的空余部分以起到支撑作用,绕线实物图如图 3-26 所示,最终实物图如图 3-27(a)和(b)所示。

其中音圈的规格如下:内径 ϕ13.21 mm,外径 ϕ15.8 mm,高度 11 mm,阻抗 1.6 Ω,单层铜质漆包线 ϕ0.28 mm,圈数(125±5)。其中线圈的规格如下:内径 ϕ13.21 mm,外径 ϕ15.84 mm,高度 11 mm,阻抗 0.8 Ω,双层铜质漆包线的直径 ϕ0.28 mm,内圈数(64±3),外圈数(64±3)。

图 3-25 扬声器的部件组成图

图 3-26 非磁钢系统扬声器绕线实物图

（a）正面

（b）反面

图 3-27 非磁钢系统扬声器绕线最终实物图

试制中由于是利用现有的模具，所以没法对振膜进行改变，进而做成平面受话器(扬声器)的样品。为了验证原理的可行性，用了最简单的锥形振膜的结构。基于非磁钢系统平面受话器(扬声器)原理制成的受话器(扬声器)是与现有工艺相容的。首先，模具，即对于支架而言，可完全利用现有支架进行设计生产。对于磁路部件，即线圈而言，生产上仍为传统的绕线工艺，且音圈部分无须进行改动，仅需将磁钢去除并在原来的位置放置特殊生产的用以代替磁钢的线圈即可。对于发声部件，即振膜而言，该结构也不需要单独进行设计与修改。可见，除了绕制用以代替磁钢的线圈这一步骤是多出来的以外，其他步骤均是继承了现有的传统工艺，并不要进行改变，这在生产上是有一定优势的。此外，基于该原理，还可以进行进一步的扩展，提出更多种类的，符合各种新型受话器(扬声器)使用场合要求的新器件。

此外，为彻底摆脱对稀土元素的依赖，还可在动磁式受话器(扬声器)的基础上进行改造，实现非磁钢系统平面超薄、柔性受话器(扬声器)的设计。基于原来动磁式受话器(扬声器),将上下两音圈用柔性FPC(柔性线路板)结构代替原来的硬质PCB(印刷电路板)结构,并类似等磁式(场极式)受话器(扬声器),将刻有多层涡旋密绕线圈的FPC粘在振膜上,从而在三个复合线圈的相互作用下使振膜振动发声。但是,由于多层涡旋密绕线圈本身所固有的不对称性,线圈之间相互作用力并不是严格轴向的,存在着水平的不对称分量。粘在振膜上的FPC若受到水平不对称力的作用,除了发声所需要的轴向振动外,会同时带动振膜横向振动,影响器件整体的振动模式,使频响等声学参数变坏,限制了其进一步的应用。因此,在涡旋线圈多层刻蚀时,采用一种基于补偿结构的线圈布局,可以有效地消除不对称的受力,并且为了方便层与层之间通孔连通,采用三种镜像组合实现设计。涡旋密绕线圈的这种基于补偿结构的线圈布局改良结构,既继承了等磁式(场极式)受话器(扬声器)极宽且平稳的频响特性(平面振膜),同时又舍弃了其最占体积的磁钢部分,并且采用了柔性印制电路板,从而实现了超薄柔性化。但是,该改良结构可能会存在磁场不够、持续供电、线圈发热、阻抗过高、FPC工艺控制等问题,这些都是需要在不断的研究和探索过程中予以反思和克服的。本试制最后完成的耳机样品图与驱动电路实物图如图3-28、图3-29所示。

图3-28　耳机样品图

图3-29　PCB实物图

第四章

磁　　路

4.1　磁路描述

　　电声换能器是接收声信号而输出电信号或接收电信号而输出声信号的一种装置,常用的有传声器、扬声器、耳机、送话器和受话器。按照换能方式,电声换能器可分为电动式、静电式、压电式、电磁式、碳粒式和气流调制式等。先介绍传声器,电磁式传声器(图 4-1)是由一个受声波作用的膜片,连接在一个电枢上,这个电枢处于一个磁场中,当膜片受声波作用而使电枢有位移变化,则磁路中磁阻变化、磁通变化。这样就使围绕在电枢外的线圈里产生电动势,而这个电动势是和声波作用相对应的。

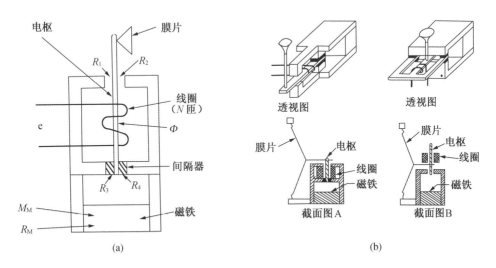

图 4-1　电磁式传声器示意图

　　电动式传声器在有些书上也称之为动导体传声器,它是由于导体在磁场中运动切割磁感线而产生动生电动势,因而产生电压输出的一种传声器。若一个受声波作用的膜片和一个线圈相连,该线圈处于一个磁场中,受声波作用的膜片运动时,带动线圈在磁场中运动切割磁感线而产生动生电动势,因而产生电压输出,因而,也有称之为动圈传声器的。若不是线圈而是一个直导体则称之为感应传声器。若这个直导体是一条悬挂在磁场中的金属带,一面在空间里,另一面接在声阻上,则成了带式传声器。

对于动导体传声器而言,由于导体在磁场中运动是一个相对运动,这样,又会有几种形式,以动圈传声器为例,它是磁场不动,线圈相对于磁场运动;同样,若线圈不动,让磁体运动,它也能有磁场和线圈间的相对运动,也能产生电动势,从而完成声-电转换的过程。

这里介绍一个动磁、平面线圈,低阻抗、微型传声器的专利(中国专利:200910232133.0)。一般的动圈式传声器中,永磁体的磁感应强度为 B,动圈在垂直于磁场的方向上的长度为 l。由于声压作用而使线圈在垂直于磁场方向上运动速度为 v 时,产生的动生电动势为:

$$E_{动} = Blv \qquad (4-1)$$

而在该发明专利中,若线圈的面积为 S,带有钕铁硼微粉(永磁体)的振膜在声压作用下运动,而使其磁感应强度 B 随时间而变化。这时变化率为 $\dfrac{\Delta B}{\Delta t}$,在线圈上产生的电动势是感生电动势,其大小为:

$$E_{感} = \frac{\Delta B}{\Delta t} S \qquad (4-2)$$

动生电动势和感生电动势在物理原理上是两个不同的概念。

在该发明专利中,线圈是采用涡旋式密排绕成的平面线圈,其高度小,占有空间小(图4-2)。也可用跑道式密排绕制成矩形平面线圈。

另外,电磁式传声器和电动式传声器也是不可混淆的两类换能原理的装置,电磁式传声器的输出线圈中

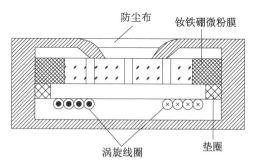

图 4-2 动磁、涡旋式密排绕成的
平面线圈式传声器

的电动势是感生电动势而不是电动式传声器输出的动生电动势。

再介绍电声换能器中的扬声器(受话器),它是由电学系统里的能量来策动,同时将能量转换成声能量输送到声系统中去的元器件。按换能原理来划分有:动圈式、静电式、压电式、舌簧式(电磁式)、放电式等类型。按辐射、耦合特性来划分有:直接耦合至空气、通过喇叭(号筒)耦合至空气、耦合至耳窝、海尔扬声器等类型。

按换能原理来划分,首先要介绍的是动圈扬声器(图4-3)。

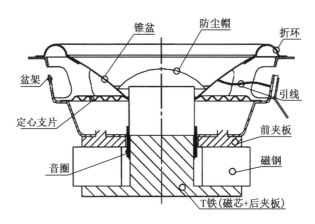

图4-3 动圈扬声器

扬声器是典型的电-声换能器,它能将声能辐射到室内或室外去。目前我们用的是两种普通形式的扬声器,即是直接辐射式扬声器和喇叭式扬声器,直接辐射式扬声器的膜片直接和空气耦合,这就是图4-3所介绍的动圈扬声器。喇叭式扬声器的膜片则是通过喇叭来和空气耦合。直接辐射式扬声器(动圈扬声器)由于它结构简单,需要空间不大和它的均匀响应特性而被广泛应用。任何简单的直接辐射式扬声器(动圈扬声器)在中频时都可得到均匀的响应。本书是从电声器件材料及其物性的角度切入,而来讨论有关问题的,因此,在有关章节还要涉及其特性,这里就不赘言了。

按换能原理来划分,还有一种是电磁(舌簧)式扬声器(图4-4)。

电磁(舌簧)式扬声器是在永磁体两极间有一可动铁芯,这个可动铁芯实质

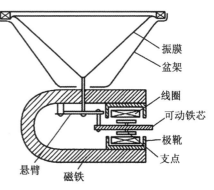

图4-4 电磁(舌簧)式扬声器

上是一电磁铁,在可动铁芯的线圈中无电流通过时,可动铁芯处于平衡状态;在可动铁芯的线圈中有电流通过时,可动铁芯形成了一条电磁铁处于与永磁体有磁力的相互作用状态,并随电流的变化而产生力的大小、极性方向的变化,可动铁芯绕支点的运动推动振膜振动,从而发出声音。上述结构是属于平衡可动铁芯型。这种扬声器的优点就是其阻抗调节简易可行,并能随心所欲,但其缺点明显,且较多,主要有如下几点:

① 可动铁芯与悬臂相连,绕支点进行的旋转运动推动振膜振动,从而发出声音。振膜在做前后往复运动的同时,也会做与往复运动相垂直方向的运动或不规则方向的运动,尤其是振膜振动幅度大时更为明显和突出,由此会造成扬声器的失真。

② 可动铁芯与悬臂相连,绕支点进行的旋转运动推动振膜振动而发出声音的结构中,由于使用多个连接件相连,这些连接件本身的固有振动特性会严重地影响扬声器的频率特性。

③ 电磁(舌簧)式扬声器是利用在永磁体两极间有一可动铁芯,在可动铁芯的线圈中有电流通过时,可动铁芯形成了一条电磁铁处于与永磁体有磁力的相互作用状态,并随电流的变化而有力的大小、极性方向的变化,为了提高效率则希望永磁体两极间距要小,但这样一来可动铁芯的线圈若动作幅度过大,就会工作不稳定,甚至被永磁体吸牢而不能运动。

按辐射、耦合原理来划分,首先要介绍的还是动圈扬声器,它是由振膜直接辐射、耦合至空气中的。普通形式的扬声器,是直接辐射式扬声器,直接辐射式扬声器的膜片直接和空气耦合,前面我们介绍过的动圈扬声器,就是一个典型。

按辐射、耦合原理来划分,再要介绍的是号筒式扬声器,它不是由振膜直接辐射、耦合至空气中的,而是通过号筒再耦合至空气中的(图4-5)。

还要介绍的是以耳窝为封闭气室的电磁受话器(耳机)(图4-6)。电动受话器如图4-7。感应受话器如图4-8。尽管扬声器和受话器都是电-声换能器件,但两者是有区别的,千万不可把受话器称为小扬声器。扬声器作为一个形成声场的声重放器件,它是由振膜直接辐射、耦合至空气中的。号筒式

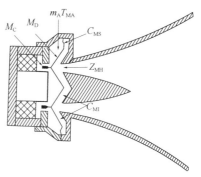

图4-5 号筒式扬声器截面图

扬声器虽不是由振膜直接辐射至空气中的,但也是通过号筒再耦合至空气中的,它们都是在振膜外空气中形成声场的声重放器件。而受话器则是以人的耳窝为封闭气室作为耦合空间的,是对人耳直接重放声音的器件。当然,扬声器和受话器在其他电学指标:如阻抗、功率等,声学指标:频响特性等方面也有明显的不同之处。

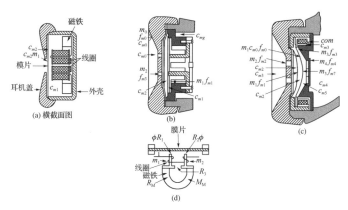

图 4-6 以耳窝为封闭气室的电磁受话器(耳机)

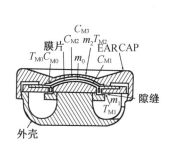

图 4-7 电动受话器

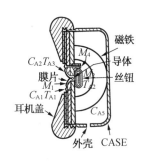

图 4-8 感应受话器

还有一种扬声器被称为海尔扬声器,它是在两张塑料薄膜之间,上下往复的印刷铝薄膜导体,做成有如手风琴形的曲折皱褶,放置于与振膜面垂直的强磁场中。振膜不是整体做同向运动,而是在做与声波辐射方向垂直的横方向振动,并且是与相邻导体做反方向的振动。它虽有高效率,但低频重放特性差(低频重放下限为 500 Hz)。当然,也有因振膜形状不同来区分的,如:带状扬声器、平板状扬声器等。也有因使用场合不同来区别其是用在什么特殊场合的,如:乐器用扬声器、扩声用扬声器等。因为这些原理中对磁的应用部分不占主要地位就不一一介绍了。而在这当中值得着重讨论的是这些器件中需要用到的是磁路的问题,以及有关磁感线分布、磁感线走向、磁体特性和磁体相互作用对磁路的影响等。

4.1.1　磁路的主要原理

　　若有一带缺口的铁环,缺口处放置合适尺寸的永磁体(或载流线圈),永磁体(或载流线圈)所产生的磁场会在铁环中构成闭合的磁回路。同样,若该铁环上缠有通电线圈,则其产生的磁场,会通过缺口(磁间隙)而在整个铁环中形成闭合的磁回路(图4-9)。磁路的定义是:磁通量所通过磁介质的路径叫磁路。用磁感线表示时,则是一组磁感线所经过的全部路径叫磁路。

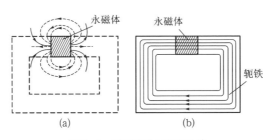

图 4-9　磁路(磁回路)系统

　　设有一截面积为 S,平均周长为 L,磁导率为 μ 的软磁圆环,铁环上绕有匝数为 N 的线圈,若磁化电流为 I,则圆环内的磁场强度 $H = NI/L$,H 的方向与环轴线平行,在无漏磁的情况下,穿过磁圆环截面的磁通 $\Phi = BS$,$B = \mu H$,$\Phi = BS = \mu SNI/L = NI/L/\mu S$(图4-10)。

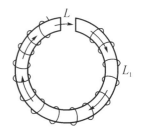

图 4-10　含磁隙的磁路 (磁回路)系统

　　若 $F_m = NI$ ······磁动势(相当于电路中的电动势)

　　　　$R_m = L/\mu S$ ······磁阻(相当于电路中的电阻)

　　则 $\Phi = F_m/R_m$(相当于电路中的电流,此式类似于欧姆定律)

　　电路中:$\varepsilon = \sum I_i R_i$　　$I_i R_i$ 为电压降

　　磁路中:$F_m = NI = \sum H_i L_i$　　$H_i L_i$ 为磁压降

$$NI = B_1 L_1/\mu_1 + B_0 L_0/\mu_0 \tag{4-3}$$

$\Phi = BS$，Φ 连续，磁路中应各处相同。

则 $\quad NI = B_1 L_1/\mu_1 + B_0 L_0/\mu_0 = \Phi(L_1/\mu_1 S_1 + L_0/\mu_0 S_0)$ （4-4）

$\quad\quad F_m = \Phi(R_{m1} + R_{m0})$

式中：R_{m1}— 铁心磁阻；R_{m0}— 空隙磁阻。

在电路中：

对某一点，由基尔霍夫第一定律可得：$I_进 = I_出$，$\sum I = 0$；

对某一闭合回路，由基尔霍夫第二定律可得：$\sum I_i R_i = \sum \varepsilon_i$。

在磁路中：

对某一点，由基尔霍夫第一定律可得：$\Phi_进 = \Phi_出$，$\sum \Phi = 0$；

对某一闭合回路，由基尔霍夫第二定律可得：$\sum \Phi_i R_{mi} = \sum H_i L_i$。

对磁路特性要求是，在磁路的磁隙中应产生均匀磁场。

一种方法是选择合适的磁极（磁轭）形状，以减少漏磁和改变磁隙中磁通，达到磁通密度均匀。图 4-11 是各种含磁隙的磁路（磁回路）系统。

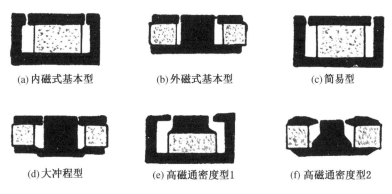

(a) 内磁式基本型　　　(b) 外磁式基本型　　　(c) 简易型

(d) 大冲程型　　　(e) 高磁通密度型1　　　(f) 高磁通密度型2

图 4-11　各种含磁隙的磁路（磁回路）系统

常见的静态永磁体磁路有五种：

Ⅰ型：空气隙位于两磁极间，或磁体中性面与该回路磁体几何对称面相重合。

Ⅱ型：在同一磁回路中，有两块永磁体，并且两块永磁体中性面与空气隙的横截面相重合。

Ⅲ型：在同一磁回路中，只有一块永磁体，且磁体一端就是该回路的一个磁极。

Ⅳ型:在同一磁回路中,有两块永磁体,并有空气隙位于两磁体的磁极端面之间。

Ⅴ型:在同一磁回路中,包含有一块永磁体和两个空气隙,空气隙位于该磁回路的磁体的极面上。电路是我们熟悉的,磁路和电路有相类似的特性见表4-1。

表4-1 电路和磁路的特性

电 路		磁 路	
电动势	ε	磁动势	$F_m = NI = HL = \sum H_i L_i$
电 流	I	磁通量	Φ
电导率	σ_i	磁导率	μ_i
电 阻	$R_i = L_i/\sigma_i S_i$	磁 阻	$R_{mi} = L_i/\mu_i S_i$
电压降	IR_i	磁压降	$H_i L_i = \Phi L_i/\mu_i S_i$
欧姆定律	$I = \varepsilon/RI = U/R$	欧姆定律	$\Phi = F_m/R_m$
克希荷夫定律	$\sum I_i = 0$ $\sum I_i R_i = \sum \varepsilon_i$	克希荷夫定律	$\sum \Phi_i = 0$ $\sum \Phi_i R_{mi} = \sum H_i L_i = \sum N_i I_i$

4.1.2 扬声器、受话器的磁结构及磁路

(1) 内磁式与外磁式

扬声器、受话器的磁结构中,外磁式喇叭的磁铁是暴露的,可以直接吸起铁磁物质(图4-12)。例如铁钉、大头针等。内磁式喇叭的磁铁被屏蔽了,不能吸引铁磁物质(图4-13)。外磁式喇叭,制作工艺简单,成本较低。但因为磁场外泄,容易影响其他电路。但是,这个强磁场如果对其他电路不构成较大影响时,

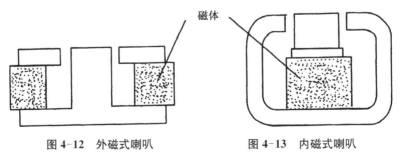

图4-12 外磁式喇叭　　　图4-13 内磁式喇叭

可以正常使用。内磁式喇叭,适应范围大。

内磁式喇叭与外磁式喇叭区别:

① 一般来说同尺寸内磁式喇叭高度低于外磁式喇叭,内磁式喇叭漏磁小但是磁体体积受到限制,外磁式喇叭磁体不受限制,但是容易漏磁。

② 内磁式喇叭背后看不到磁铁,磁铁是包在外壳里面的,通常用两个相同极性的对贴以减少磁性外漏。计算机多媒体和电视机内置喇叭都是内磁式喇叭。

③ 外磁式喇叭背后可以看到一圈黑色的磁铁,铁器很容易被它吸住。一般家庭用的组合音响都用外磁式喇叭。

④ 内磁式,受外磁场干扰较小,磁路短,铁磁材料少,质量轻,但难以形成很强的磁场,在可动线圈和游丝相同时,灵敏度较低。

⑤ 外磁式,铁磁材料用得较多、较重,易受外磁场干扰(但可加屏蔽以消除干扰)灵敏度较高。

(2)径向磁化与轴向磁化

圆片形、圆柱形、圆筒形、圆环形的磁体,在磁化时磁化方向有两种:一种是径向磁化,即磁场方向与半径方向相同;另一种是轴向磁化,即磁场方向与轴方向相同。图 4-14 表示出了几种形状磁体的磁化方向。

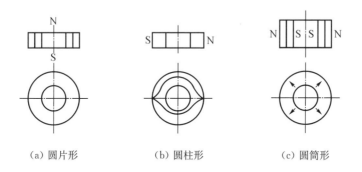

(a)圆片形   (b)圆柱形   (c)圆筒形

图 4-14　几种形状磁体的磁化方向

大多数扬声器的磁路是轴向磁路,而径向磁路具有宽范围的均匀磁场,这对扬声器的磁路设计是有利的。但由于材料、工艺、结构、充磁等方面的困难,因而应用受限。

(3)不同方向的充磁

充磁方向的不同,对磁路特性也有重大影响,图 4-15 表示了几种不同方式的充磁情况。

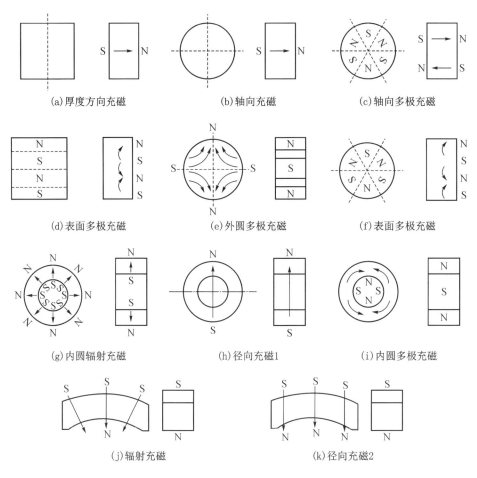

图 4-15　几种不同方式的充磁

（4）在磁路磁隙中产生均匀磁场的方法

① 一种方法是选择合适的磁极（磁轭）形状，以减少漏磁和改变磁隙中磁通密度，达到磁通密度均匀。图4-11是各种含磁隙的磁路（磁回路）系统。

② 另一种方法是使用导磁板（T 铁）。对于普通的磁路，其磁通密度分布难以做到均匀，有些磁隙中加了导磁板（导磁板一般选用磁阻小的铁质材料），这样可以使磁隙中磁通密度均匀，但在磁隙外，由于磁阻增加，磁通密度会下降，又若导磁板不对称、磁路不对称等原因，导磁板上、下的磁通密度下降速率则会不同（图 4-16）。

其解决的方法是将导磁板柱形状改变,做成 T 形,图 4-17 是将普通导磁板柱改成 T 形导磁板柱后磁场分布改变的比较,使用 T 形磁铁会明显改善扬声器的频响特性。

图 4-18 是导磁板柱形状改变后的频响特性比较。T 形磁路较普通磁路,其二次谐波、三次谐波都有明显的改善。若 T 形磁铁与导磁平板相对位置改变,如图 4-19 那样将导磁柱(T 形磁铁)抬

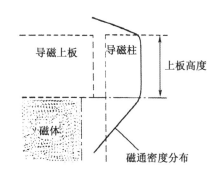

图 4-16 用导磁板使磁通密度分布均匀

高,比导磁平板高出几毫米,就能改善扬声器音质并减少失真。导磁板上形成"极靴"结构即是导磁板做成变截面圆台,使截面变小、让磁通密度集中并加强,或让导磁板靠近磁隙处变薄,也可加上磁阻更小的材料(如:坡莫合金)。图 4-20 是导磁板上形成"极靴"结构。

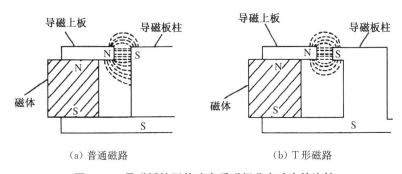

(a) 普通磁路 　　　　　　　(b) T 形磁路

图 4-17 导磁板柱形状改变后磁场分布改变的比较

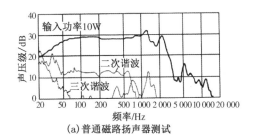

(a)普通磁路扬声器测试

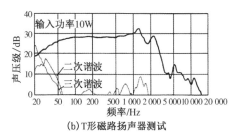

(b)T形磁路扬声器测试

图 4-18 导磁板柱形状改变后的频响特性比较

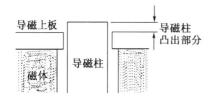

图 4-19 将 T 铁抬高能改善扬声器
音质并减少失真

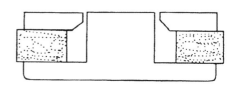

图 4-20 导磁板形成"极靴"结构

另外,也有导磁柱开 V 形槽,改变磁场特性(图 4-21)。导磁柱(T 铁)变粗,并加锥形座(图 4-22)。

图 4-21 导磁柱开 V 形槽

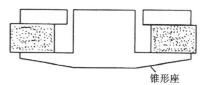

图 4-22 T 铁变粗并加锥形座

图 4-23 是采用导磁板开槽的方法。导磁板开槽后,有效磁通范围扩大,使磁通密度产生变化(图 4-24)。

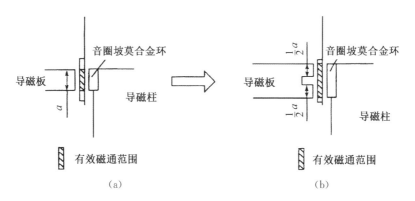

图 4-23 导磁板开槽的方法

也有采用其他一些结构上变化的方法来达到目的,如图 4-25、图 4-26 所示。

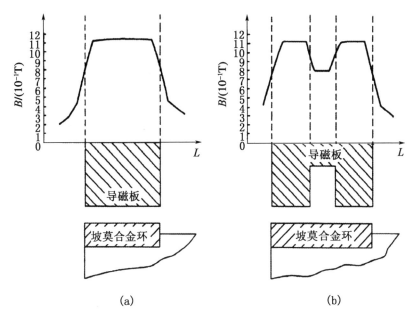

图 4-24 导磁板开槽后的磁通密度变化

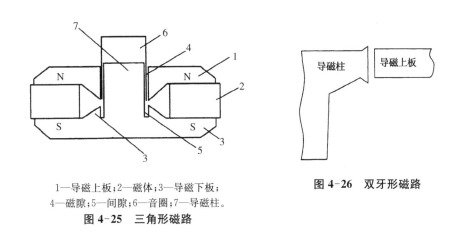

1—导磁上板;2—磁体;3—导磁下板;
4—磁隙;5—间隙;6—音圈;7—导磁柱。

图 4-25 三角形磁路

图 4-26 双牙形磁路

③ 利用径向磁路代替轴向磁路。

由于轴向磁路磁场分布不均匀,特别是磁隙外 Φ 下降急剧且不对称,促使器件失真增加(图 4-27)。因此,用径向磁路代替轴向磁路,使磁场分布得以改善(图 4-28)。

利用径向磁路代替轴向磁路制成的器件比较,如图 4-29 所示。

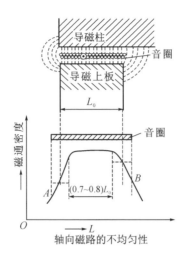

图 4-27   轴向磁路的不均匀性

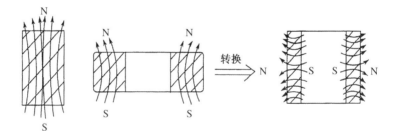

图 4-28   利用径向磁路代替轴向磁路

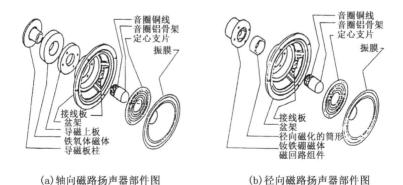

(a)轴向磁路扬声器部件图   (b)径向磁路扬声器部件图

图 4-29   利用径向磁路代替轴向磁路制成的器件比较

（5）辅助磁体的作用

前面讨论了使磁路中（尤其是磁隙中）磁通密度均匀、集中的种种方法，又讨论了利用径向磁路代替轴向磁路的问题，以力求提高磁通密度值。而辅助磁体的作用则是为了减少漏磁和控制磁感线走向，以满足实际需求的方法。图4-30是常用的铁氧体磁钢的漏磁情况。如采用加一个辅助磁体的方法（这里不用双磁体的说法，目的是表示两者是有主、次之分的），当然，两者也可以是相同的，用双磁体的说法，也可以是不同而有主、次的。

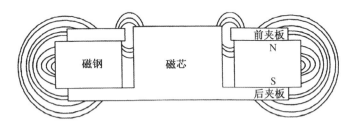

图 4-30 常用的铁氧体磁钢的漏磁情况

下面举几个实例，如图4-31～图4-33。

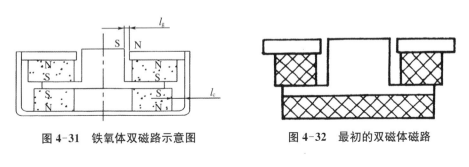

图 4-31 铁氧体双磁路示意图

图 4-32 最初的双磁体磁路

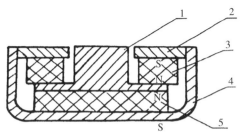

1—导磁板柱；2—导磁上板，是原来外磁式磁路；3—磁体；4—导磁碗；5—辅助磁体。

图 4-33 一种内磁式双磁体磁路

图 4-34 是一个双磁体扬声器的磁感线分布图。图中①～⑥各部分的情况如下：①类似单磁路磁通；②增加了原磁路的磁通；③封闭磁回路漏磁极小；④封闭磁回路漏磁很小；⑤增加了原磁路的磁通，漏磁极小；⑥可造成杂散磁场的漏磁阻加大，因而双磁体磁路可使漏磁减小，磁通增加。

如图 4-35、图 4-36 是两个双磁体扬声器结构示意图。

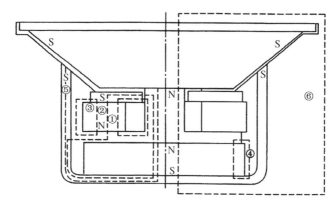

图 4-34　一个双磁体扬声器的磁感线分布图

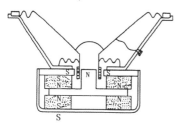

图 4-35　双磁体扬声器结构图

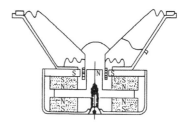

图 4-36　加固型双磁体扬声器结构图

日本 SONY 公司开发的一种"∑"磁感线磁系统结构。如图 4-37，图(a)中为新结构，图(b)为老结构。JBL 公司的一项 DCD 磁路专利（用于 2 251 Hz 扬声器）如图 4-38 所示。

这种 DCD 结构适用于钕铁硼磁体，它除了上、下两块导磁板外，在磁体两侧有两条导磁板，形成磁回路。而音圈有上、下两组，且有相应的两组磁隙，由图 4-36 可见两磁隙中磁极性相反，两组音圈则相对应为反向相接。由于磁场反向，音圈反向，"反反"得正，两音圈所受的电动力 R_E 同向相加而增强。DCD 结构的优点是：

① 由于线长增加了一倍，又分置两处，因此散热能力也增加了一倍，扬声器

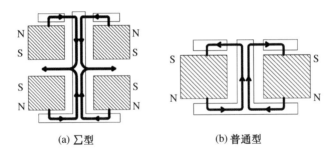

(a) ∑型　　　　　　　　(b) 普通型

图 4-37　一种"∑"磁感线磁系统结构

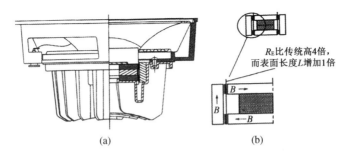

R_E比传统高4倍，而表面长度L增加1倍

(a)　　　　　　　　(b)

图 4-38　JBL 公司的一项 DCD 磁路专利

则可承受双倍的功率。

② 两组线圈是反向连接,因此电感量减少,扬声器阻抗曲线的高频部分会较平坦,所以在同等条件下,高频输出会增加。

DCD 结构的缺点是:

音圈制造难度大,下面的一组音圈为便于反向引出,其厚度应减少一半。

此外,还有一些专利设计可供参考。如图 4-39,图(a)为双磁隙式。设计者推算,双磁隙式设计由于磁阻增加,磁隙中磁场强度会下降 20%,但总电动力会增加 60%。图(b)为双磁体内、外串联磁路。

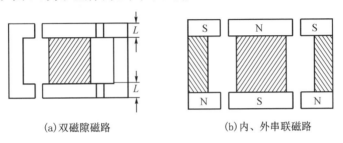

(a)双磁隙磁路　　　　　　　　(b)内、外串联磁路

图 4-39　双磁隙及内、外串联双磁路

还有一种双磁体内、外结合式的磁系统。如图 4-40,图(a)为结构图,图(b)为工作原理图。它是由导磁碗(板)、环形磁体、环形导磁板、中心磁体、导磁板组成。其中重要的特点是由一个环形磁体和中心磁体共同组成。

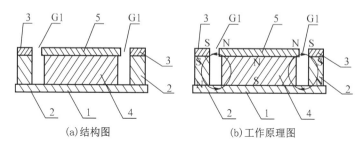

(a)结构图   (b)工作原理图

1—导磁碗(板);2—环形磁体;3—环形导磁板;4—中心磁体;5—导磁板。

图 4-40 双磁体内、外结合式的磁系统

4.2 扬声器、受话器的磁路结构设计与磁路计算

(1) 扬声器的设计从磁路设计而言,应属静态永磁体设计。静态永磁体磁路,因其工作间隙固定不变,所以永磁体所受退磁场是恒定的。其工作点 D 是在退磁曲线上(图4-41)。

常见的静态永磁体磁路有五种:

甲型:空气隙位于两磁间或磁体中性面与该磁路中磁体的几何对称面相重合。

乙型:在同一磁回路中,有两块永磁体且两永磁体中性面与空气隙横截面相重合。

丙型:在同一磁回路中,只有一块永磁体,且磁体一端就是该回路的一个磁极。

丁型:在同一磁回路中,包含有两块永磁体,并有空气隙位于两磁体的磁极端面之间。

戊型:在同一磁回路中,包含一块永磁体和两个空气隙,且空气隙位于该磁回路磁体的极面上。

作为扬声器磁路设计以上五种都可用上。

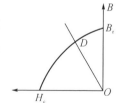

图 4-41 退磁曲线

永磁体磁路设计与计算目的有:

一是已知工作间隙的体积及要求磁场,选用永磁材料并确定磁路各部分的尺寸。

二是已知永磁材料的磁性及磁路各部分尺寸,求工作间隙中的磁场。

(2) 设计磁路主要根据两个原理

一是磁通量连续性原理:

$$\Phi = \Phi_1 = \Phi_2 = \cdots = \Phi_i \tag{4-5}$$

二是安培环路定理及磁路的克希荷夫第一定律,和磁路的克希荷夫第二定律:

$$\oint H \mathrm{d}l = H_1 l_1 + H_2 l_2 + \cdots + H_i l_i = 4\pi r \sum I_i \tag{4-6}$$

对永磁体而言 $I = 0$,所以以下公式成立。

$$H_1 l_1 + H_2 l_2 + \cdots + H_i l_i = 0 \tag{4-7}$$

常有的设计方法有:利用磁路定律设计磁路。利用漏磁系数概念(包括磁导法、经验公式法、查阅曲线法等)应用自身退磁效应设计磁路等。这里不一一详述。

(3) 有限元法对磁路的计算

利用有限元法对磁的计算、分析是一个非常形象且有效的方法。FEMM (Finite Element Method Magnetics)是一套解决二维平面和轴对称结构的低频电磁问题软件,它可以用来解决扬声器磁路中的线性、非线性的静磁场问题,线性、非线性随时间变化的时域谐波磁场的问题,还有线性的静电问题等。其优点是:直观可视、模拟能力强、使用方便且很实用。例如:在前面介绍过的开槽磁极。图 4-42 是比较利用有限元法作出的不开槽磁路和开槽磁路的磁通密度分析图。图 4-43 是用有限元法分析作出的碗形磁路的模拟磁场分布图。

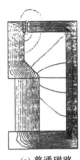 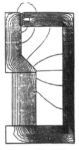

(a) 普通磁路　　(b) 开槽磁路

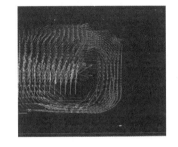

图 4-42　用有限元法对磁通密度分布的分析　　图 4-43　碗形磁路的模拟磁场分布图

4.3 磁路中磁场作用的转换特性

（1）系统磁结构对器件特性的影响

若扬声器磁钢未饱和时,电流的变化导致磁场强度 H 的变化,又导致磁感应强度 B 的变化;若扬声器磁钢饱和时,电流的变化虽导致磁场强度 H 的变化,导致磁感应强度 B 的变化并不显著,则引起的非线性失真并不会太大。

（2）磁场作用的转换特性

现在使用的扬声器,大约有99％以上是电动扬声器。分析电动扬声器的工作状况,对深入进行研究扬声器、提高其特性是有好处的。常见的动圈扬声器是通以 I 的电流的线圈在磁感应强度为 B 的磁场中受到安培力而带动纸盆振动而发声的,垂直于磁场的一段通电导线,在磁场中某处受到的安培力的大小跟电流强度 I 和导线的长度 L 的乘积成正比（$F=BIL$）。当电流与磁场方向夹角为 α 时,则为:$F=BIL\sin\alpha$。图4-44是电动（动圈）扬声器的工作分析图。当磁隙中磁感应强度为 B,音圈长度为 L,音圈中流有 I 的交变电流时,根据左手定则,将在图的左、右方向产生驱动力,由此带动振膜运动而产生声振动。

音圈受到的驱动力为:BIL。若给振膜施以 F 的驱动力时,整个振动系统会有:$F+BLI$ 的作用力,又若振膜振动速度为 v,振动系统力阻抗为 Z_M,这样就有下列关系式:

$$Z_M v = F + BLI \tag{4-8}$$

另外,当振膜以 v 的速度运动时,音圈在磁场中运动则会产生 $-BLv$ 的电动势,从图4-44可知,音圈电路中有外加的电压 E,整个音圈电路中会有:$E-BLv$ 的电动势。若音圈的电阻抗为 Z_E,流过的电流为 I,根据基尔霍夫定律又有下列关系式:

$$Z_E I = E - BLv \tag{4-9}$$

式（4-8）、式（4-9）（这就是电动扬声器的基本公式）中都出现了 BL 的系数,这是联系电系统和机械系

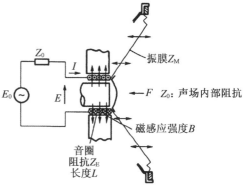

图4-44 电动（动圈）扬声器的工作分析图

统的相关量。我们常把 BL 称为力因素（Force Factor 为磁力转换因子），又常写成 $BL(x)$ 的形式。我们发现改变 $BL(x)$ 力因素（磁力转换因子）有以下几个原因：

① 磁场改变；

② 音圈的高度及长度改变；

③ 音圈位置（音圈处于最佳位置）。

如何改善 $BL(x)$ 力因素（磁力转换因子）呢？

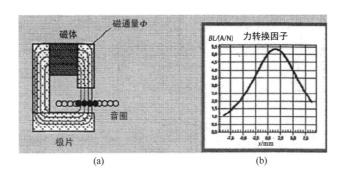

图 4-45　音圈在磁场中位置局部视图和磁力转换因子

若将一动圈扬声器平放，再作纵向剖面图，则可得一绕中心轴对称的两对称图，我们取其一边并再取局部视图如图 4-45(a)。图 4-45(b) 是音圈在磁场中位置局部视图。图(b)横坐标表示的是磁场中心轴位置设为 0，而音圈轴向的中心处距磁场中心轴位置处距离为 x；纵坐标为力因素值。当音圈中心处于磁场轴中心位置处时，$x=0$，这时的力因素值为极大值，向左或向右方向均变小。如何改善力因素值呢？方法有二：

其一是使力因素值为常数。即 $BL(x) =$ 常数。

根据具体情况将音圈变化，或使用长音圈或使用短音圈。

其二是减少力因素值的不对称性。

将音圈位置优化；或是在磁隙中使用对称磁（力）场。

对于 $BL(x)$ 不对称的原因及改善，有以下的方法改善（图 4-46）。

若是由于线圈位置偏移而引起的[图 4-46(a)]，则补救的方法是：

① 调整间隙中的线圈。

② 使 BL 值形成稳定平台区域。（例如，增加音圈悬置）

若是由于磁场（B 场）的不对称性而引起的[图 4-46(b)]，则补救的方法是：

119

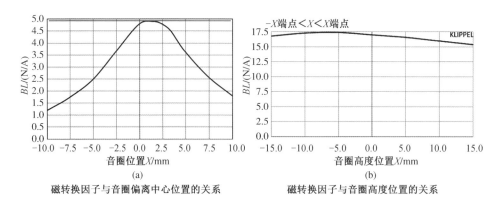

(a)
磁转换因子与音圈偏离中心位置的关系

(b)
磁转换因子与音圈高度位置的关系

图 4-46 **BL(x)** 不对称的原因及改善

① 改进机电的几何参数。(例如,改变磁极片的尺寸和位置)

② 降低线圈高度。

而对于调整音圈的位置,则可从下面的做法中得到启发。

在图 4-47(a)上方,音圈轴向的中心处和磁场中心轴位置不重合,若以其所在位置定为 $x=0$,偏离磁场中心轴位置处距离为 x_b,调整音圈的位置使音圈右移至磁场中心轴位置处,即 $x=x_b$,则如图 4-47(b)上方图中所示。这时力因素

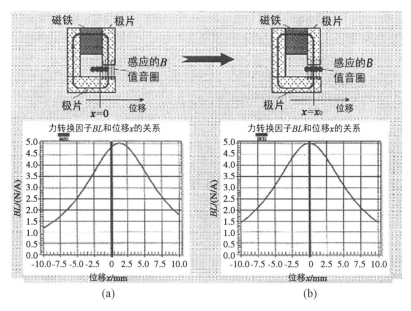

(a)   (b)

图 4-47 调整音圈的位置

和音圈的位移（Displacement）之间的关系曲线则由图 4-47（a）下方的图形变为图 4-47（b）下方的图形。

现在再对从音圈开始进入磁场和开始移出磁场的过程做深入一步的讨论。首先，讨论对称点的问题，所谓对称点 x_{sym}（Symmetry point）是这样定义的，在图 4-48 中，对称点是两个点之间的中心点，这两点距离为 $2x_{ac}$，具有相同的 BL 值。

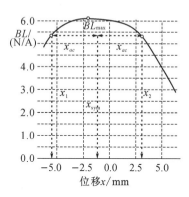

图 4-48 BL-x 关系曲线图

$$BL(x_{\text{sym}} - x_{ac}) = BL(x_{\text{sym}} + x_{ac}) \tag{4-10}$$

而左、右两个位置是由音圈开始进入磁场和开始移出磁场而决定的。

对称点实际上是位移 x_{ac} 的函数，$x_{\text{sym}}(x_{ac})$。对称曲线并不是严格意义上的位移优选。在图 4-49 中，上方的左图是 $x_{\text{sym}} = 3$ mm 时，$x_{ac} = 0.5$ mm 的情况，而在左下方的 x_{sym}-x_{ac} 关系图上则标出了其确定的位置，在左上方的一点；上方的右图是 $x_{\text{sym}} = 0.8$ mm 时，$x_{ac} = 8$ mm 的情况，而在左下方的 x_{sym}-x_{ac} 关系图上则标出了其确定的位置，在右下方的一点。

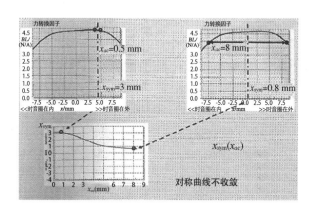

图 4-49 对称点为位移 x_{ac} 的函数，$x_{\text{sym}}(x_{ac})$ 图

对于位移 x_{ac} 的对称范围，若音圈位置不处于临界状态时，则如图 4-50 中上方的左图所示，这时位移 $x_{ac} = 0.5$ mm 而阴影区内 $V_{\text{BL}} < 5\%$，阴影区外两边 $V_{\text{BL}} > 5\%$，这个位置在下方图是偏移（Offset）-振幅（Amplitude）函数图上的

位置是左方的一竖直的线;在图中纵轴上的 0.0 的位置表示了这是静止位置,阴影区表示的是对称范围(Symmetry Range)。 以下的各图中标出的"≪coil in"是表示远小于此值时,线圈在磁场轴中心位置区内;而在图中标出的"≫coil out"是表示远大于此值时,线圈在磁场轴中心位置区外了。

若音圈位置处于临界状态时,则如图 4-50 中上方的右图所示,这时位移 $x_{ac}=5$ mm 阴影区范围较窄,且阴影区内同样是 $V_{BL}<5\%$,阴影区外两边 $V_{BL}>5\%$,这个位置在下方偏移-振幅函数图上的位置是右方的一点。若我们定义:

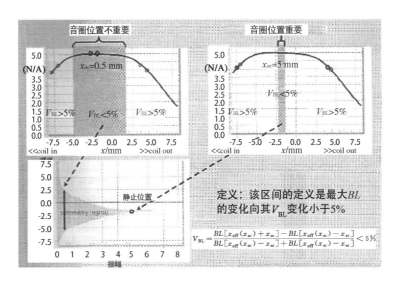

图 4-50 位移 x_{ac} 的对称范围的关系

$x_{off}(x_{ac})$ 是表示位移量 x_{off} 是 x_{ac} 的函数,在 x_{ac} 确定位置处 $x_{off}(x_{ac})$ 值也就确定了;

另外又定义: V_{BL} 为最大 BL 的变化值,V_{BL} 小于 5% 的区间,则由式(4-11)决定,即:

$$V_{BL}=\frac{BL\left[x_{off}(x_{ac})+x_{ac}\right]-BL\left[x_{off}(x_{ac})-x_{ac}\right]}{BL\left[x_{off}(x_{ac})-x_{ac}\right]+BL\left[x_{off}(x_{ac})-x_{ac}\right]}<5\% \quad (4\text{-}11)$$

在工程实际中为使力因素值为常数。即:$BL(x)=$ 常数。

根据具体情况会将音圈变化,或使用长音圈或使用短音圈,所谓长音圈就是指绕线宽度大于导磁板厚度的音圈。由于扬声器磁隙中磁通密度分布是不均匀的,中部高、两端低。采用长音圈能做到振动时切割磁感线大体一致,因而保证了在振动时驱动力也大体一致,减少了谐波失真。现在比较一下使用长音圈和使用短音圈的不同之处。我们对比讨论使用的磁系统和使用短音圈磁系统中,BL 值和 x 的关系,在位移-振幅关系图中偏移音圈的范围值。在图 4-51(a) 中,对于短音圈的磁系统,BL 值和 x 的关系可见在 $x_{p-} < x < x_{p+}$ 的区间的 BL 值曲线,由一细曲线和一粗曲线表示,左为细曲线右为粗曲线,其相交位置则在 $x = 0$ mm 处。从 $x = 0$ mm 处到左、右两边曲线峰值的位置则是 $x_{p-} < x < x_{p+}$ 的区间。当 -4 mm $< x < 4$ mm 是音圈在磁场区内,当 $x < -4$ mm 及 $x > 4$ mm 是音圈超出磁场区。在图 4-51(b) 中,对于短音圈的磁系统,在位移-振幅关系图中,纵轴位移的值在 0 mm 以上是音圈超出磁场区,BL 对称范围在图中用阴影区表示。而纵轴位移的值在 0 mm 以下是音圈在磁场区内,下方黑色粗双箭头表示了对称点的区域,偏移音圈的范围值应在 0.6 mm 的范围内,位于 0 mm 线上方。

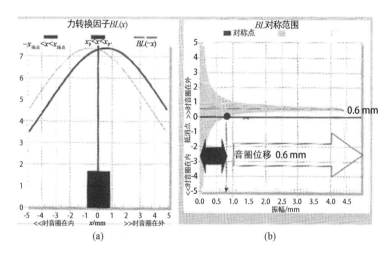

图 4-51 短音圈磁系统中 BL 值和 x 的关系

在图 4-52(a) 中,对于长音圈的磁系统,BL 值和 x 的关系可见在 $x_{p-} < x < x_{p+}$ 的区间的 BL 值曲线,当 -5 mm $< x < 5$ mm 是音圈在磁场区内,当 $x < -5$ mm 及 $x > 5$ mm 是音圈超出磁场区。在图 4-52(b) 中,对于长音圈的磁系统,在位移-振幅关系图中,纵轴位移的值在 0 mm 以上是音圈超出磁场区,BL 对称范围在图中用阴影区表示。而纵轴位移的值在 0 mm 以下是音圈在磁场区内,下方黑色粗双箭头表示了对称点的区域,偏移音圈的范围值应在 1 mm

的范围内,位于 0 mm 线下方(-1 mm 处)。

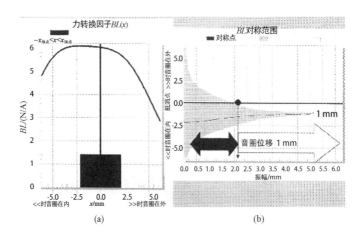

图 4-52   长音圈磁系统中 **BL** 值和 x 的关系

改变 BL 值可以通过音圈的位移而获得改善,但若通过音圈的移位无效时,则也可通过改变磁场的对称性来达到。如图 4-53(a)是 BL 值和音圈位移 x 的关系图。图 4-53(b)是通过改变磁场对称性使对称范围扩大。 BL 对称范围在图中用阴影区表示。黑色粗双箭头表示了对称点的区域明显地扩大了。

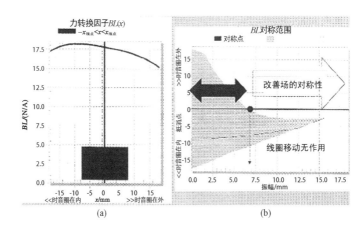

图 4-53   改变音圈位移和改变磁场对称性的影响

由长音圈的磁系统和短音圈的磁系统的比较可知,较长的音圈改变了力因素 BL 值的非线性,但也由于线圈中电流改变增加了交流磁场,这样长音圈增加了电感的同时,也增加了电感的非线性。 由于 $L(i)$ 产生的电流量调变,则

$BL(i)$ 也会变化,因此应该说长音圈并不总是好的。而且在后面还要谈到发热等其他问题。下面我们再定义线圈偏心位移值 x_{offest}。线圈偏心是具有相同 BL 值的两点之间的中心点。

$$BL(x_{\text{offest}} - x_{ac}) = BL(x_{\text{offest}} + x_{ac}) \quad\quad (4\text{-}12)$$

其条件则应是:$x_{ac} > x_{BL}$

这实际上是和前面讨论对称点的问题是一致的。

实际上,对于改变 BL 值来说,最先想到的方法应是磁通调制。在图 4-54 中,恒磁通量是磁体产生的,而交变通量则是由音圈中通过的交变电流所产生的。图 4-54(b)是通过计算所得的 BL 值和音圈位移 x 的关系图。若恒磁通量 Φ_0 较小,而交变通量 $\Phi_A(i)$ 较大,这样交变通量的影响就会明显增加,若要改善则可从下列几方面努力:

① 降低线圈电感(使用较短线圈)。

② 使用短路环和其他导电材料。

③ 增加磁铁尺寸。

④ 使工作点在 $B(H)$ 曲线上更饱和。

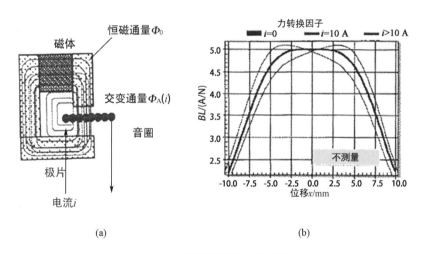

图 4-54　恒磁通量和交变通量

音圈在恒磁场中运动会产生电动势,而该电动势方向为负值则应是反电动势。该值应为:BLv,v 为振动系统(音圈)的运动速度,这一反电动势的出现,可保护音圈承受大功率。实际工程中,用一般的电工知识无法解释的线径为

0.3 mm的导线竟能承受 200 W 功率的事实,用反电动势来解释就可讲通了。在扬声器例行试验中,解剖音圈时发现有的音圈绕组存在两头变黑而中段却仍呈金黄色的现象,这表明音圈绕组过长,两端超出了 BL 的作用范围所致。若用短音圈就可改进了。

以上这些实测可以用 KLIPPEL 测试装置来完成。同时也可进一步作更多的测试及研究。这里就不多介绍了。

第五章

充磁及整体一次性同时充磁

5.1 磁化及磁化设备的基本概念

5.1.1 磁化的概念

磁化又称充磁,是指在磁场的作用下,由于材料中磁矩排列时取向趋于一致而呈现出一定的磁性的现象,使原来不具有磁性的物质获得磁性的过程。在第一章中,我们介绍过一般的强磁性物质具有自发磁化,使其能获得高的磁化率。但在实际物质中,同一个方向的自发磁化只存在于一个称为磁畴的小区域内。磁畴的尺寸为微米量级,它远远小于材料的宏观尺度,但大于微观的原子尺度,因而是一种亚微观结构。

在磁畴内部原子磁矩平行排列,存在着自发磁化。在未加磁场时,各个磁畴的取向不同,所以整个材料的磁化强度为零。当外加磁场时,磁畴沿着磁场方向取向。当磁场强度加大到一定程度,所有的磁畴都沿着磁场方向取向,并使充磁材料的磁化强度 M 处于饱和状态。这就是磁化的方法,即是充磁。

5.1.2 充磁设备

为了将磁性材料磁化,我们需要制造一个恒定磁场,然后将磁性材料放置于磁场中。常用的有自然界的永磁性物质,但这种永磁体磁场强度不足以使其他待磁化的材料获得较强的磁场强度,另一种是利用人为的方法产生一个强大的、恒定的磁场。如何产生一个强大的、恒定的磁场?根据物理学中的电流磁场的有关定律(本书前面已介绍过的安培定律、毕奥-萨伐尔-拉普拉斯定律等),对载流线圈能产生足够大的、恒定的磁场的特点,我们就需要一个线圈和足够大的直流电流。对应到工业产品上,要先将电容器充以直流高压,然后通过一个电阻极小的线圈放电。放电脉冲电流的峰值可达数万安培。此电流脉冲在线圈内产生一个强大的磁场,该磁场使置于线圈中的硬磁材料永久磁化。充磁机电容器工作时脉冲电流峰值极高,对电容器耐受冲击电流的性能要求很高。充磁机首先是要有产生直流大电流的装置(而且这个直流大电流应该是通过常用市电的交流电转变而来的),另外,还应有一个装有线圈来充磁的充磁台。下面我们就一一做介绍。图 5-1 是某公司的充磁机线路图。

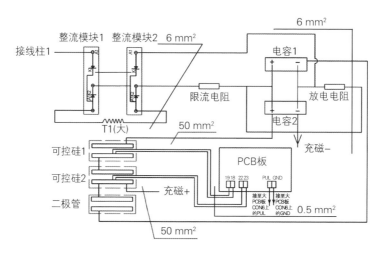

图 5-1 某公司的充磁机线路图

接入市电交变电流后,经过整流模块构成全波桥式整流后得到直流电流,将该直流电流对两个容量很大的电容器充电,从电容器两极引出的线直接接到充磁线圈上,电容器放电后就会有强大的、稳定的直流电流通过充磁线圈而产生相应的强磁场。但是,电容器充、放电时,短时间内接通、断开是会产生强大的弧光放电的,这绝不能使用一般的开关。为此,充磁机中使用了可控硅组件来控制的方法并配有相应的控制回路。一般而言,可控硅的优点很多,例如:它是以小功率控制大功率,其功率放大倍数高达几十万倍;而且反应极快,在微秒级内开通、关断;无触点运行,无火花、无噪声;效率高、成本低等。这是非常适合于充磁机的控制上的。图 5-2 是充磁机的实物图。

一般而言,一台充磁机的核心部件,应该稳定、可靠(例如:其中使用的可控硅、二极管等均应采用质量优良、可靠的产品,有些公司是采用日本东芝或 ABB 的产品)。另外,电容器也应加以重视,各公司所采用的基本都为耐高压油浸电容。

在工程实践中我们所用到的喇叭磁体充磁,可分为以下两种方式:内磁扬

图 5-2　充磁机的实物图

声器充磁与外磁扬声器充磁,外磁喇叭的是中间铁芯导磁,内磁喇叭的是外圆导磁。喇叭充磁的好与不好直接影响喇叭的性能和音准。其中,相对而言外磁式的要好充磁些,可通过中间的铁芯导磁完成充磁。内磁式的不太好充,因为它所需的充磁能量要更大些,内磁是依靠外圆导磁,充磁瞬间磁场会分散,只有漏磁完成充磁,搞不好就充不上磁,所以对内磁充磁线圈就要注意必须依靠充磁线圈内部加导磁材料进行导磁完成充磁,如果是空心线圈就很难完成。内外磁喇叭充磁使用的充磁机的电压和电容也是不一样的,要根据产品的性能以及材质进行选定。对于生产充磁机的公司而言,根据使用者的需求配以不同的充磁头,当然,不少公司也可以自行配置适合本公司生产所需的充磁头。现在不少公司正将充磁机性能提高,向智能化方向发展,着重提高以下方面的性能:

① 设备中常考虑采用交、直流区隔开来,高压、低压完全隔离。

② 增加多种保护装置,如:过电流保护、过电压保护、过热保护、高压电路中的放电保护等。

③ 采用恒流稳压电路,有的公司增加了设定电压的上、下限范围。

④ 控制电路增加 USB 接口等,以方便控制软件的升级。

5.2　整体一次性同时充磁

前一章我们介绍了利用辅助磁体来减少漏磁和控制磁感线走向,以满足实际需求的方法。

如图 4-30 就是常用的铁氧体磁钢的漏磁情况。如采用加一个辅助磁体的方法，又如前一章所举的几个实例，如图 4-31～图 4-33。它们都是用了双磁体，由于双磁体的作用有主有次，因此常有用主、副磁或主、辅磁的说法，其目的是表示两者是有主、次之分的，当然，两者若是相同的，则仍用双磁体的说法，那就不是不同而有主、次的了。这里又涉及一个新的问题了，这就是对磁体充磁时，应如何进行，下面分别介绍几个整体一次性同时充磁技术专利的内容。

5.2.1　一种外磁式双磁扬声器主、副磁的充磁方法

这是苏州一家电声器件公司的专利。

充磁就是指将磁性物品磁化的过程，在外磁式双磁扬声器生产中，需要用到主磁和副磁两块磁石，现有的技术中需要两台充磁机分别给主磁和副磁充磁，充磁后的主磁的温度和电压存在一定的差异，使得主磁、副磁的磁场有一定的差异。如图 5-3 所示，把副磁搬运到和主磁一起装配，在装配时容易造成主磁、副磁相对不稳定，甚至产生排斥或者是"副磁跳起"的情况，给生产带来了不便。

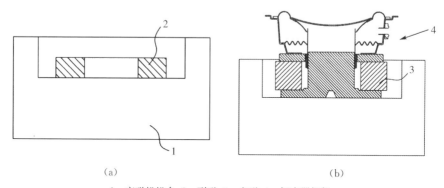

（a）　　　　　　　　　　　　　　（b）

1—充磁机机台；2—副磁；3—主磁；4—扬声器框架。

图 5-3　一种主、副磁同时充磁的部件

而苏州某公司提供的专利技术则不同，该专利是提供一种主磁、副磁稳定的外磁式双磁扬声器主、副磁的充磁方法。这种外磁式双磁扬声器主、副磁的充磁方法，其特征在于：将至少一对主磁与副磁放置在一台充磁机内，在主磁与副磁之间施加使其接触面紧密接触的压力后充磁；在充磁过程中主磁与副磁的

位置关系不变;主磁与副磁按照装配时的顺序位置放置;充磁后无须搬运即可进行后续的组装。这种外磁式双磁扬声器主、副磁的充磁方法,是在充磁机内有一对主磁与副磁。副磁放置在充磁机内的平台上,主磁安装设置在扬声器框架中,扬声器框架放置在副磁的上方。

在实施例一中,如图 5-4 所示,将副磁放置在充磁机机台上,再将安装有主磁的扬声器框架放置在副磁上,在扬声器框架上施加一定向下的压力,确保在充磁过程中主磁与副磁的位置关系不变,打开充磁机开关进行充磁。充磁后的主磁与副磁的磁极相对,会减弱扬声器的磁场强度,在装配时将副磁倒转装配即可。

在实施例二中,如图 5-5 所示,将副磁设置在防磁罩中,将防磁罩倒置在充磁机机台上,再将安装有主磁的扬声器框架放置在副磁上方,在扬声器框架上施加一定向下的压力,确保在充磁过程中主磁与副磁的位置关系不变,打开充磁机开关进行充磁。充磁后将防磁罩翻转与扬声器框架装配即可。上述实施例将主磁和副磁同时充磁,只需要一台充磁机就可以完成充磁过程,主磁和副磁能够有稳定的磁性,在装配时可避免"副磁跳起"的情况发生。

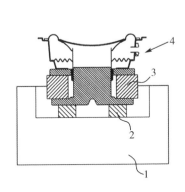

1—充磁机机台;2—副磁;
3—主磁;4—扬声器框架。

**图 5-4 一种主、副磁同时
充磁的部件安排**

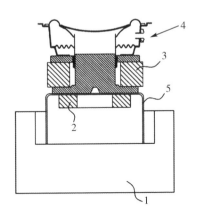

1—充磁机机台;2—副磁;3—主磁;
4—扬声器框架;5—防磁罩。

**图 5-5 一种主、副磁同时充磁的
部件另一种安排**

该专利方法区别于现有的技术,其优点是:由于是在同一台充磁机上给主磁和副磁同时充磁,充磁的主磁、副磁的温度和电压不会因条件、环境存在一定的差异,而使得主磁、副磁的磁场有一定的差异的现象去除了;而且在以往的工艺中,如图 5-3 所示,将副磁搬运到和主磁一起装配时,会在装配时容易造成主磁、副磁相对不稳定,甚至产生排斥或者是"副磁跳起"的情况,给生产带来了不便,现在专利的工艺则有较大的改善。但是,由于仍存在倒转装配的工艺,则尚有需要改进之处。

5.2.2 一种内腔磁场一次性充磁的结构及应用的专利

这是深圳某公司的一个专利。它是对未充磁的磁体先进行黏合或机械固定,再一次性充磁的专利。本专利着重是对圆片形、圆柱形、圆筒形、圆环状等有内空间空腔的磁体进行充磁或者是对主、副磁体同时一次性充磁的技术。

本专利的技术特征:一是对圆片形、圆柱形、圆筒形、圆环状等有内空间空腔的磁体进行充磁或者是对主、副磁体充磁的技术;二是对上述的未充磁的磁体先进行黏合或机械固定,在一台充磁机上,用不同的充磁线圈,一次性对两者同时充磁的专利。对圆片形、圆柱形、圆筒形、圆环状等有内空间空腔的磁体进行充磁有两种方式:径向充磁方式(图 5-6);轴向充磁方式(图 5-7)。

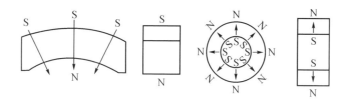

图 5-6 径向充磁方式

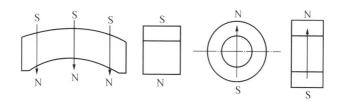

图 5-7 轴向充磁方式

本专利的中心思想是:把两个磁体(例如:上一章图 4-40 中的环形磁体 2,中心磁体 4 构成磁体系统并相距一定距离分别放置,构成的两磁体系统:一是将环形磁体 2 和导磁板 1 先粘连为一体的磁路系统;二是同时又把中心磁体 4 和导磁板 3 先粘连为一体的磁路系统,在充磁机上,对两者同时一次充磁后再通过机械系统整合并粘接构成整体磁系统。对圆环状等有内空间空腔的磁体进行充磁时,它是把径向、轴向的待充磁的有内空间空腔的磁体进行相间排列,或是将待充磁的主、副磁体(环形磁体、中心磁体)按要求距离分别放置后再一次性同时充磁。而在径向充磁与轴向充磁的过程中又会有以下不同磁体的形式:如圆片形、圆柱形、圆筒形、圆环形磁体。其磁化方向也都有两种:径向磁化与轴向磁化(图 5-8)。

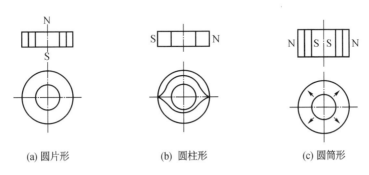

| (a) 圆片形 | (b) 圆柱形 | (c) 圆筒形 |

图 5-8 三种圆形磁体的磁化方向

(注:磁场方向与轴同向是轴向磁化磁路,磁场方向与半径同向是径向磁化磁路。大多数扬声器磁路是轴向磁路,而径向磁路有宽范围的均匀磁场,是令扬声器设计师兴奋的优点。但是由于材料、结构、工艺、充磁等困难,应用尚不普遍)

本专利中具有将多个磁体及不同磁化方向的磁体同时一次性充磁的方式和结构,所以效果更为优越了。

例如以双磁体内、外结合式喇叭为例来讨论。

图 4-40 中,它是由导磁碗(板)、环形磁体、环形导磁板、中心磁体、导磁板组成。其中重要的特点是由一个环形磁体和中心磁体共同组成。往常的工艺是两磁体分别磁化后再进行装配,而采用本专利则可一次性同时充磁。本专利的权利要求:一是对圆片形、圆柱形、圆筒形、圆环状等有内空间空腔的磁体进行充磁或者是对主、副磁体未充磁的磁体先进行粘合或机械固定,再一次性充磁的专利。根据权利要求,圆片形、圆柱形、圆筒形、圆环状等以及由圆形延伸、衍生的形状,如:椭圆形柱、筒,跑道形柱、筒,矩形柱、筒等有内空间空腔的磁体和条形磁体组合的磁系统的一次性同时充磁也应属受保护的内容。

该方法的优点是:在充磁中,由于是在同一台充磁机上给主磁和副磁同时充磁,将充磁的主磁、副磁的温度和电压因条件、环境存在一定的差异,而使得主磁、副磁的磁场有一定的差异的现象去除了。而且在充磁后两个分列的磁系统再构成整体磁系统在工艺上很容易做到,也保证了结构上的误差小、精度高的特点。但是,这个方法对磁体的形状、结构上有要求,否则难以做好。还有在充磁中两组充磁线圈应做好磁隔离、磁屏蔽,不能相互间有明显的影响,这是因为常用的主、副磁的极性是相反的,所以必须要减少相互的影响。

5.2.3 一种喇叭主、副磁体一次性同时充磁的方法

该专利是东莞一家公司对含主、副磁喇叭充磁的一种方法。它是利用磁隔断方法和利用脉动脉冲电流和瞬间大直流脉冲电流共同作用进行充磁的方法,以达到一次性同时充磁成功的专利。

我们都知道,为了使磁路中(尤其是磁隙中)磁通密度 Φ 均匀、集中,常采用的方法有:利用径向磁路代替轴向磁路的问题,以力求提高 Φ 值;还有就是利用增加辅助磁体的方法,其作用是为了减少漏磁和控制磁感线走向,以满足实际需求。这里,我们不用双磁体的说法,目的是表示有的是两者有主、副之分的,当然,两者也可以是相同的,也可以是不同而有主、副的。但在实际的生产中,这两者如何能一次性同时充磁成功,却是非常棘手的问题,针对此问题,该专利提出了一种方法能一次性同时充磁成功。该专利的技术内容及方法如下:

① 该专利利用第一种方法:利用有磁隔断材料控制磁感线走向,以保证充磁的效果。

② 该专利利用第二种方法:利用由低电压(流)逐步升高的交流充磁和瞬间大电流直流充磁相结合以提高充磁的效果。

我们用实例来叙述该专利的技术内容。以一款扬声器 CDF40A-656 为例来具体说明。图 5-9 是该产品的剖面图。

其中的磁系统如图 5-10 所示:

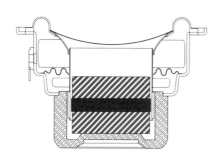

图 5-9 CDF40A-656 的剖面图

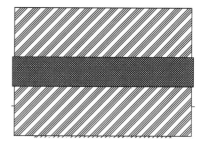

图 5-10 CDF40A-656 磁系统的剖面图

在图 5-10 中,上、下面都是一磁体,一个为主磁体,一个为副磁体。中为导磁板。均已粘牢。

若按要求充磁后应是:若上磁体上方为 N,上磁体下方为 S,则下磁体上方为 S,下磁体下方为 N。现在的充磁方式是:轴向充磁。也就是说:若进行一次性同时充磁时,上方磁体充磁用的线圈中的电流会对下方磁体充磁用的线圈有影响,反之,下方磁体充磁用的线圈中的电流对上方磁体充磁用的线圈亦有影响。而且由于导磁板是铁材质,在其中有相反的磁感线通过,对充磁效果的减弱作用是明显的。该专利的技术内容的第一种方法的具体做法如下:

如图 5-11 所示对两磁体中间的导磁板进行处理,做成一个夹着磁隔断材料。其中 1、3 仍为原来的铁材质,而 2 的部分则是磁隔断材料。由于自然界并不存在磁绝缘材料,因此使用磁隔断材料之后,由于其磁阻要高出铁材质材料好几个数量级,则在充磁过程中磁感线会从磁阻小的部分通过,这时,若进行一次性同时充磁时,上方磁体充磁用的线圈中的电流产生的磁感线,会从磁阻小的部分通过,即从 1 的部分通过,而磁隔断材料会阻止其对下方磁体的影响,反之,若进行一次性同时充磁时,下方磁体充磁用的线圈中的电流产生的磁感线,会从磁阻小的部分通过,即从 3 的部分通过,而磁隔断材料会阻止其对上方磁体的影响。

充磁后磁感线分布如图 5-12 所示。对充磁机也应有相应的磁隔断的处理。

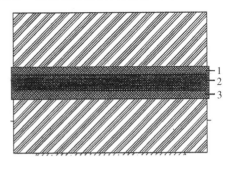

1,3—铁材质;2—磁隔断材料。

图 5-11　CDF40A-656 磁系统和导磁板的剖面图

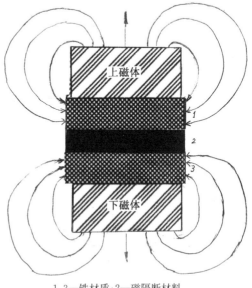

1,3—铁材质;2—磁隔断材料。

图 5-12　CDF40A-656 磁系统和导磁板磁感线图

该专利的技术内容第二种方法的具体做法如下：

扬声器从磁路设计而言,应属静态永磁体设计。静态永磁体磁路,因其工作间隙固定不变,所以永磁体所受退磁场是恒定的。其工作点 D 是在磁滞回线的退磁曲线段上,应是最大磁能积点(图 5-13)。图中 B_r 为剩磁,H_c 为矫顽力。

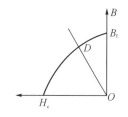

图 5-13　磁滞回线的退磁曲线段

磁滞回线是由于技术磁化中的不可逆过程引起的,这种不可逆过程会发生畴壁移动和磁畴转动的过程。图 5-14 是一个磁滞回线,表示了一种磁合金的交流回线。当电流 I(或磁场强度 H)由小变大时的磁感应强度 B 的变化。

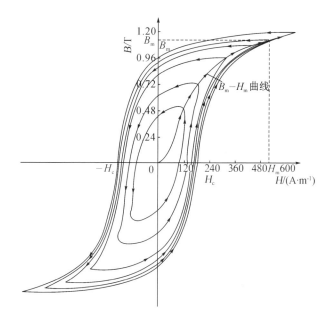

图 5-14　一种磁合金的交流回线

随着电压(流)逐步升高,会产生畴壁移动和磁畴转动的过程。也就是磁体内部的磁畴区域逐步秩序化,但由于电压(流)逐步升高时回线停止于图 5-14 中的某一象限中,则磁体的极性就会或为 N 极或为 S 极,则不能达到我们预设的目的。为此,我们采用了持续脉动的脉冲电流[或由低电压(流)逐步升高的持续脉动的脉冲电流]充磁和瞬间大电流直流脉冲充磁相结合的方法充磁。这样两者相结合可以提高充磁的效果并能达到由于持续脉动的脉冲电流[或由低电压(流)逐步升高的持续脉动的脉冲电流]正负方向和瞬间直流充磁大电流脉冲正负方向相一致而达到预设的极性。这种利用持续脉动的脉冲电流[或由低电压(流)逐步升高的持续脉动的脉冲电流]充磁和瞬间直流充磁大电流脉冲相结合以提高充磁的方法的工艺由预设程控。

该专利的权利要求如下:

① 该专利提出的利用有磁隔断材料控制磁感线走向,以保证充磁的效果的方法。

② 该专利提出的利用持续脉动的脉冲电流[或由低电压(流)逐步升高的持续脉动的脉冲电流]充磁和瞬间直流充磁大电流脉冲相结合以提高充磁的方法、工艺。

该方法的优点是:它无须充磁后进行磁体的位置调整或装配,一次充磁完成后就能达到目的。

该专利值得重视的问题是:图5-11所示在两磁体中间的导磁板进行处理,做成一个夹着磁隔断材料。在尺寸要求上,应严格遵循一个原则是:1、3的铁材质的直径应比磁体大一些;而夹着磁隔断材料的夹层2的直径又应比铁材质层1、3的直径大一些,这样才能保证进行一次、同时充磁时,上方磁体充磁用的线圈中的电流会对下方磁体充磁用的线圈有影响,反之,下方磁体充磁用的线圈中的电流对上方磁体充磁用的线圈亦有影响。这一点是非常重要的,往往会是决定该方法成功与否的关键。至于尺寸上如何确定,则应根据喇叭磁体的尺寸而相应决定,也可通过实际试验而决定。另外,在两个充磁线圈间应保证有磁隔断、磁屏蔽的措施,以免产生相互反向的两个充磁电流导致磁场的相互干扰或抵消减弱的效应。

在实际应用中,仅有磁隔断的作用是远远不够的,往往要分别辅以两个高磁导率的外罩,让充磁中主、副充磁的磁力线被引导按一定的路径前进,也就是要同时用"隔断"和"引导"两个做法使一次同时充磁获得预定的效果。

5.2.4 一种海尔贝克磁阵列制造的分行磁化法

这是深圳一公司的专利。在本书第二章的"2.4.2 海尔贝克磁阵列"的一节中,已具体介绍过海尔贝克磁阵列了。若采用传统方式,进行海尔贝克磁体阵列的制造方法均较为复杂,制造成本较高及在工艺上比较难以控制,因此需要改进。

该专利采用分行充磁的方法解决了这一技术难题。该专利涉及的是既提供一种海尔贝克磁阵列的制造中的分行磁化方法，又提供了它所使用的充磁装置，这样就解决了现有制造方法复杂、制造成本较高及在工艺上比较难以控制的问题。该专利采用如下技术方案：

该专利采用的分行充磁的装置包括：控制开关、恒流充电稳压控制电路、升压变压器、整流电路、蓄能电容、大功率开关、电缆和充磁线圈；升压变压器的初级线圈通过控制开关连接外界市电，恒流充电稳压控制电路设置在升压变压器的初级线圈与控制开关之间；升压变压器的次级线圈通过所述整流电路连接蓄能电容的两极；蓄能电容的两极通过电缆连接充磁线圈；大功率开关设置在蓄能电容的正极与电缆之间。优选的技术方案中，所述充磁线圈包括 X 个串联的充磁子线圈，其中 $X = n - 2$；充磁步骤是分行充磁，即每次对磁钢阵列中的一行进行充分充磁至饱和，从而逐行完成整个海尔贝克磁阵列的充磁。进一步优选的技术方案中，所述充磁线圈还包括 $X - 1$ 个导磁体，每两个相邻充磁子线圈之间均设置有一个所述导磁体。技术方案中，所述大功率开关为平板可控硅，蓄能电容为低内阻电容，电缆为低阻抗电缆，低阻抗电缆采用低电感布线方式设置。该专利的有益效果是：由于采用的新型技术方案的充磁装置及制造方法来制造海尔贝克磁阵列，在小磁钢未磁化前先排列成预期的海尔贝克磁钢阵列，并按要求胶粘或用其他方法牢牢固定，因为没有磁性作用，这是很容易实现的；再用该专利方案中，新的充磁装置来充磁即可制造出海尔贝克磁阵列，这不仅简化了工艺，又减少了治、夹具工装，而且保证了生产过程的清洁，减少杂物、尘埃混入，还会大大提高质量、降低成本。

下面介绍一个具体实施的实例，制造方法包括如下步骤：

① 制作用于构成海尔贝克磁阵列的固定基板 92 及未充磁的小磁钢 91；

② 将设定数量的所述小磁钢 91 固定至固定基板 92 位置上而构成 m 行 n 列的海尔贝克小磁钢阵列；

③ 对所述小磁钢阵列上的所有小磁钢 91 充磁，形成海尔贝克磁阵列。

其所使用的充磁装置图如图 5-15 所介绍的，包括：控制开关、恒流充电稳压控制电路、升压变压器、整流电路、蓄能电容、大功率开关、电缆和充磁线圈；升压变压器的初级线圈通过控制开关接外界市电；恒流充电稳压控制电路设置在升压变压器的初级线圈与控制开关之间；升压变压器的次级线圈通过整流电路连接蓄能电容的两极；蓄能电容的两极通过所述电缆连接充磁线圈；大功率开关设置在蓄能电容的正极与电缆之间。

使用升压变压器并以恒流模式把市电整流成直流电并对蓄能电容恒流式充电,电容电压达到设定值后进入稳压模式;在需要充磁的时候,通过大功率开关对充磁线圈进行瞬间放电,由于充磁线圈的电阻远小于电感,总体的放电电流超过 10 kA,以便把蓄能电容的能量最大化地转换成充磁线圈的磁能。

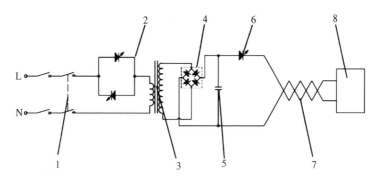

1—控制开关;2—恒流充电稳压控制电路;3—升压变压器;4—整流电路;
5—蓄能电容;6—大功率开关;7—电缆;8—充磁线圈。

图 5-15　充磁装置图

制造海尔贝克磁阵列过程中,如图 5-16 所示,首先在小磁钢 91 未磁化前先排列成预期的海尔贝克磁钢阵列,并按要求胶粘或用其他方法牢牢固定,因为没有磁性作用,这是很容易实现的;再用该专利中,新开发的充磁装置来充磁即可制造出海尔贝克磁阵列。

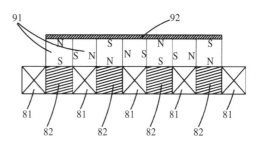

图 5-16　小磁钢及充磁线圈排布图

技术方案中,所述充磁线圈包括 X 个串联的充磁子线圈 81(同极性对充充磁线圈),其中 $X=n-2$;步骤③中所述的充磁,是分行充磁,即每次对磁钢阵列中的一行进行充分充磁至饱和,从而逐行完成整个海尔贝克磁阵列的充磁。技术方案中如图 5-16 所示,充磁线圈还包括 $X-1$ 个导磁体 82,每两个相邻充磁子线圈 81 之间均设置有一个导磁体 82。大功率开关为平板可控硅。蓄能电容为低内阻电容,可在瞬间(1 ms 内)输出近万焦耳能量的充磁专用脉冲电。电缆为低阻抗电缆,采用截面积为 70 mm² 以上的电缆线,且电缆尽量短。以上内容是结合具体的实施对该专利所做的进一步详细说明,不能认定该专利的具体实施只局限于这些说明。对于该技术领域一般的普通技术人员来说,在不脱离该专利构思的前提下,还可以做出若干简单推演或替换,都能得到很好的效果,都应当视为属于该专利的保护范围。

5.3 提高充磁性能的思考

作为一个未经充磁的磁体,经过充磁后就成了永磁体,它产生的磁场就能对外产生作用。在第四章中我们介绍了在永磁体的磁隙中,保证其产生均匀磁场、提高磁场强度的一些做法,前面的讨论主要涉及磁极形状、磁极排布、辅助磁体运用等方面的问题,值得我们重视的就是"磁感线"特性(严格地讲就是其磁场分布的特性),这是一个外显特性;而本章讨论的则是对磁体的充磁而使磁体磁力增强的问题和磁力保持的问题,值得我们重视的就是"磁畴"特性,这是一个内禀特性。

为了提高充磁性能,我们应着重考虑下列几点:

① 对材料的要求。在第二章中我们讨论了钕铁硼稀土磁永磁体,为了寻求更强磁性的钕磁铁,改进钕磁铁性能的方法有:一是使晶粒变小,让逆磁畴的"芽"难以形成,让"富钕相"均等,从而使相邻晶粒间完全孤立,也就是通过晶粒微细化,提高"矫顽力"。二是为防止钕元素氧化,必须在钕元素不被氧化的条件下,成功地加工出 $1~\mu m$ 粒径的微粒。由此可见,磁畴区块太大则不易转向达到有序的取向排列,而且磁畴区中晶粒应变小,借此达到提高矫顽力的目的,从而保证充磁的效果。

② 对充磁电流的要求。本章上一节专利中曾提及利用持续脉动的脉冲电流[或由低电压(流)逐步升高的持续脉动的脉冲电流]充磁和瞬间直流充磁大电流脉冲相结合以提高充磁的方法、工艺。从磁畴转向达到有序的取向排列来说,这是一个很好的方法,既有持续脉动的脉冲电流[或由低电压(流)逐步升高的持续脉动的脉冲电流]充磁,让磁畴区逐步地取向排列,又有瞬间直流充磁大电流脉冲的强烈作用使其取向固定而有好的充磁效果。

③ 应充磁到技术饱和,设计磁路时要尽可能使磁体的工作点处在最大磁能积所对应的 B 和 H 附近。将一个磁体在闭路环境下被外磁场充磁到技术饱和后撤销外磁场,此时磁体表现的磁感应强度我们称之为剩磁。它表示磁体所能

提供的最大的磁通值。从退磁曲线上可见,它对应于气隙为零时的情况,故在实际磁路中磁体的磁感应强度都小于剩磁。处于技术饱和磁化后的磁体在被反向充磁时,使磁感应强度降为零所需反向磁场强度的值称之为磁感矫顽力(H_{cb})。但此时磁体的磁化强度并不为零,只是所加的反向磁场与磁体的磁化强度作用相互抵消(对外磁感应强度表现为零)。此时若撤销外磁场,磁体仍具有一定的磁性能。钕铁硼的矫顽力一般是 11 000 Oe 以上。退磁曲线上任何一点的 B 和 H 的乘积即 BH 我们称为磁能积,而 $B \times H$ 的最大值称之为最大磁能积$(BH)_m$。磁能积是恒量磁体所储存能量大小的重要参数之一,$(BH)_m$ 越大说明磁体蕴含的磁能量越大。设计磁路时要尽可能使磁体的工作点处在最大磁能积所对应的 B 和 H 附近。当然,钕铁硼是现今发现的剩磁(B_r)最高的实用永磁材料。

④ 应有效利用磁屏蔽、磁隔断方法。应利用磁隔断、磁屏蔽材料(抗磁材料或磁阻高的材料)控制磁感线走向,以保证充磁效果的方法。

⑤ 有关磁体尺寸、充磁线圈尺寸的相关关系。在磁体长度接近充磁线圈的情况下充磁时,磁体的垂直中心位置应与充磁线圈的垂直中心位置重合,这样才能保证磁体两端磁场强度相等,保证充磁的对称性。减小由于充磁方法造成磁体两端表面磁场强度差异。理论证明,充磁线圈两端磁场强度是线圈的中心点的磁场强度的1/2,在磁体接近充磁线圈的长度时,对于 H、SH 以上系列的产品有可能无法饱和充磁,当磁场强度不是足够大时,即使是 M、N 系列的产品也无法饱和充磁。常见的烧结钕铁硼磁体牌号可分为七类:分别标以 N,M,H,SH,UH,EH 和 TH。除 N 类以外,其他的牌号都标在产品牌号的最后,如:N38M,N38TH等。若 N38 后面没有字母,则是 N 系列。对各种烧结钕铁硼磁体,其性能在GB/T 13560—2017 中都有规定的数值。在一般情况下,充磁磁体的长度最好小于充磁线圈的2/3。

第六章

磁测量及磁场模拟

6.1 磁测量

磁测量是指对物质磁性及空间磁场的测量。对物质磁性的测量主要指在一定磁场下对磁化强度及各种环境条件下磁性材料的有关磁学量的测量。磁测量另一个主要内容是对空间磁场的测量。它涉及空间磁场的大小、方向、梯度、随时间的变化等。这是工程应用中必需的装置。当然,有些关于磁晶各向异性的测量、磁致伸缩的测量等特性这里就不介绍了。

6.1.1 磁测量主要内容

(1)各种环境条件下磁性材料有关物质磁性的磁学量的测量

在进行测量之前,我们先整理、总结一下前面几章有关磁材料知识的内容,前面介绍的是从物理原理上阐述的较多,现在则从工程应用和实际测量的方面做些讨论。

实验表明任何物质在外磁场中都能够或多或少地被磁化,只是磁化的程度不同。根据物质在外磁场中表现出的特性,物质可分为五类:顺磁性物质、抗磁性物质、铁磁性物质、亚铁磁性物质、反铁磁性物质。我们把顺磁性物质和抗磁性物质称为弱磁性物质,把铁磁性物质、亚铁磁性物质称为强磁性物质。磁性材料中又分为:软磁材料、功能磁性材料、硬磁材料。软磁材料,它可以用最小的外磁场实现最大的磁化强度,是具有低矫顽力和高磁导率的磁性材料。软磁材料易于磁化,也易于退磁。例如:软磁铁氧体、非晶纳米晶合金。功能磁性材料,它主要有磁致伸缩材料、磁记录材料、磁电阻材料、磁光材料以及磁性薄膜材料等。硬磁材料又叫永磁材料,是指难以磁化并且一旦磁化之后又难以退磁的材料,其主要特点是具有高矫顽力,包括稀土永磁材料、金属永磁材料及永磁铁氧体。在电声行业常用的永磁材料中,值得重视的是钕铁硼永磁材料。烧结钕铁硼永磁材料采用的是粉末冶金工艺,熔炼后的合金制成粉末并在磁场中压制成压胚,压胚在稀有气体或真空中烧结达到致密化,为了提高磁体的矫顽力,通常需要进行时效热处理,再经后加工及表面处理后获得成品。黏结钕铁硼是由永磁体粉末与可挠性好的橡胶或质硬量轻的塑料、橡胶等黏结材料相混合,按照用户要求直接成型为各种形状的永磁部件。热压钕铁硼在不添加重稀土元素的情况下可实现与烧结钕铁硼相近的磁性能,具有致密度高、取向度高、耐蚀性好、矫顽力高和近终成型等优点,但机械性能不好且由于专利垄断,加工成本较高。磁性材料分为各向同性磁体和各向异性磁体两类。各向同性磁体任何方向的磁性能都相同,能任意吸在一起;各向异性磁体在不同方向上磁性能会有不同,它能获得最佳磁性能的方向称为磁体的取向方向。

一块方形的烧结钕铁硼磁铁,只有取向方向磁场强度最大,另外两个方向磁场强度要小很多。磁性材料在生产过程中有取向工艺的话就是各向异性磁体,烧结钕铁硼一般都用磁场取向成型压制,那么就是各向异性了,因而在生产前需要确定取向方向,即将来的充磁方向。粉末磁场取向是制造高性能钕铁硼的关键技术之一。黏接钕铁硼有各向同性的也有各向异性的。在第一章有关磁介质的一节中,我们已介绍过磁感应强度 B、磁场强度 H、磁化强度 M 等三个磁向量,磁场强度 H 和磁感应强度 B 是最常用描述磁场的参数。其他参数都是建立在两者的基础上,例如磁导率(B/H),磁损耗($H \cdot dB/dt$),极化强度($B - \mu_0 H$),磁化强度($B/\mu_0 - H$)和磁化曲线[$B = f(H)$]。磁场强度 H(有时也称磁场密度)的单位是 A/m。磁场 H 在区域 A 中产生了磁通量 Φ,磁场量 Φ 与磁材料介质的磁导率 μ 和磁化强度 M 有关。在真空中磁化强度为零,磁导率用 μ_0 表示,此时磁场所引起的磁通量为:$\Phi = \mu_0 \cdot AH$,单位是 Wb(韦伯)或 V $\cdot$ s,其中 A 是面积。磁感应强度 B(有时也称为磁通密度)是一个更常用的物理量,表示为:$B = \Phi/A$;从真空中磁场强度和磁感应强度之间的关系为:$B = \mu_0 H$;磁感应强度 B 的单位是 T。磁场强度和磁感应强度两者都可以描述磁场的强弱和方向,并且都与激励磁场的电流及其分布情况有关。但是,磁场强度与磁场介质无关,而磁感应强度与磁场介质有关。测量磁感应强度的十种方法如下:

① 电流天平法(古埃天平法)

应用通电导线在磁场中受力的原理,可制成灵敏的电流天平,依据力矩平衡条件,测出通电导线在匀强磁场中受力的大小,从而测出磁感应强度。

② 力的平衡法

应用通电导线在磁场中受力平衡的原理,根据平衡条件建立平衡方程,从而求出磁感应强度。

③ 动力学法

应用通电导线在磁场中受力的原理,根据牛顿运动定律建立动力学方程,从而求出磁感应强度。

④ 功能关系法

磁场具有能量,这种能量与磁感应强度有关;而功是能量转化的量度,因此,只要建立功和磁场能间的关系,就可求得磁感应强度。

⑤ 磁偏转法

带电粒子以垂直于磁场方向的速度垂直射入匀强磁场时,会发生偏转而做匀速圆周运动,通过对轨迹的研究利用相关规律,便可求出磁感应强度。

⑥ 霍尔效应法

利用霍尔效应原理方便快捷地测量磁场的磁感应强度。

⑦ 汤姆生法

利用汤姆生测电子比荷的实验装置来测定磁场的磁感应强度。

⑧ 电磁感应法

处于磁场中的闭合线圈,当磁通量发生变化时,由电磁感应规律知,线圈中会产生感应电流线圈或导体棒将会阻碍其运动,研究其受力和运动,根据与磁感应强度相关的物理规律可求得磁感应强度。

⑨ 摇绳发电法

实验表明,将长约 L(m)的铜芯双绞线两端接在灵敏电流计上,拉开形成一个长回路。面对面站立的两个人像摇绳那样以 f 的频率,例如,每秒 4 到 5 圈的频率摇半个回路导线量出铜芯双绞线的总电阻为 R,记录电流计指示的最大电流为 I。随着导线切割地磁场,回路中就有感应电流产生,电流计指针指示的电流最大值可达 0.3 mA。其计算为:导线切割地磁感线的有效速度为 v,$v = h\omega = 2\pi fh$,回路中感应电动势为:$E = BLv = 2\pi fBL$,回路中感应电流为:$I = \dfrac{E}{R}$,所以,地磁场磁感应强度为:$B = \dfrac{IR}{2\pi fL}$,测得电流 I 值,即可求得 B 值了。

⑩ 巨磁阻效应法

利用巨磁阻效应原理方便快捷地测量磁场的磁感应强度。

常用的方法中,以霍尔效应法、巨磁阻效应法、电流天平法(古埃天平法)用得最多,并有现成的仪器可供使用。如:高斯计(特斯拉计)、古埃天平等。这将在下节中介绍。

在本书前面的叙述中,我们进而介绍了磁化率,测量磁化率 χ 能区分物质的磁性类型,及在环境条件(例如温度、压力等)改变时磁性的转变。磁化率定义为: $\chi = M/H$ 。任何材料在磁场的作用下将被磁化,并显示一定特征的磁性。这种磁性不仅仅由磁化强度或磁感应强度的大小来表征,而且应由磁化强度随外磁场的变化特征来反映。为此,定义材料在磁场作用下,磁化强度 M 与磁场强度 H 的比值为磁化率: $\chi = M/H$ 。通常,磁化强度指的是材料单位体积中原子或离子磁矩的向量和,所以上式定义的磁化率也称为体积磁化率。如果已知材料的密度为 ρ ,那么材料单位质量的磁化率为 $\chi_m = \chi/\rho$ 。此外,还可以定义摩尔磁化率,即1摩尔物质的磁化率 $\chi_M = \chi_m M$ 。式中, M 是分子量。根据磁化率的大小和正负及其随温度变化的行为常可判断材料磁性的种类。铁磁性物质具有很强的磁性,主要起因于它们具有很强的内部交换场。铁磁物质的交换能为正值,而且较大,使得相邻原子的磁矩平行取向(相应于稳定状态),在物质内部形成许多小区域 —— 磁畴。每个磁畴大约有 10^{15} 个原子。这些原子的磁矩沿同一方向排列,晶体内部存在很强的称为"分子场"的内场,"分子场"足以使每个磁畴自动磁化达饱和状态。这种自生的磁化强度叫自发磁化强度。由于它的存在,铁磁物质能在弱磁场下强烈地磁化。因此自发磁化是铁磁物质区别于顺磁性物质的基本特征。顺磁性不具有自发磁化,只是在外磁场的作用下,每个原子磁矩比较规则地取向,从而物质显示极弱的磁性。一般在外加直流磁场下,物质中的磁偶极方向会因外界磁场作用而倾向沿着外加磁场方向取向。我们知道,磁化率是一个衡量物质被磁化强弱的量。磁性物质的磁化强度与外加场成正比。

对于直流场的测量方式,磁化率更准确地定义是 M 对 H 的一阶导数: $\chi = dM/dH$ 。而当外加磁场是交变磁场且交流频率不太高时(一般在微波频率以下),磁偶极的方向可随着外加交变磁场,做来回周期性振荡,此即交流磁化率的物理原因。

若某材料的交流磁化率为 χ_{ac} ,则其可表示为: $\chi_r + i\chi_i$,其中 $\chi_r = \chi_0\cos\theta$,称为交流磁化率实部(Real Part,简称 Re),而 $\chi_i = -\chi_0\sin\theta$,称为交流磁化率虚部(Imaginary Part,简称 Im)。所以,材料的交流磁化率 χ_{ac} 亦可用 R_e 及 I_m 来表

示。而交流磁化率测量仪就是在测量 R_e 及 I_m（或 χ_0 及 θ）。其中值得注意的是，I_m 所代表的物理意义，是该磁性材料对外加交变磁场能量的吸收；I_m 愈大，表示该磁性材料愈会吸收外加磁场的能量。

这里我们再介绍磁极化强度，先要讲的磁化强度 M 前面已有介绍。除式 $B=\mu_0 H$ 描述的真空介质外，其他介质的关系为：$B=\mu_0(H+M)$，式中，M 是磁化强度向量。在这种关系中，$\mu_0 H$ 代表外部源的贡献，$\mu_0 M$ 代表了磁性材料内部的贡献。由此可得，即使外部磁场强度等于零，材料本身依然可以产生磁感应强度，因为它已被磁化（自生的或因之前被磁化）。

假定每种磁化材料包括大量的基本磁偶极子，磁偶极子由电子围绕原子核转动或自旋转动产生。这些磁偶极子由磁矩 m 表示。在材料完全退磁的情况下，平均磁矩平衡，由此产生的磁化为零。如果材料被磁化，其磁化强度 M 等于：

$$M=\frac{\sum m_i}{V} \tag{6-1}$$

磁化强度定义为单位体积内分子磁矩的向量和，单位和磁场强度的单位同为 A/m。

磁极化强度物理意义上解释为单位体积磁性介质的磁偶极矩，也称内禀磁感应强度。符号为 B_i 或 J，单位是 T（特斯拉）。

早期的文献中，磁性材料由磁感应强度 B 描述。最近，许多标准推荐磁场极化强度 J 替代磁感应强度 B：

$$J=B-\mu_0 H \tag{6-2}$$

所以，磁场极化强度等于 $\mu_0 M$。因此在软磁材料典型应用中，磁场强度的值通常是不大于 1 kA/m，μ_0 为 $4\pi\times10^{-7}$ Wb/(A·m)，所以磁感应强度 B 和极化强度 J 之间区别极小。在硬磁性材料方面，这种区别确实显著的，通常给出 $B=f(H)$ 和 $J=f(H)$ 这两种关系。多年来，磁性材料磁化一直由磁场强度（H）和磁感应强度（B）这两个参数表示。然而，近几年的公认结论是：与磁感应强度相比，为少数人熟知的名词——磁极化强度 J（$J=B-\mu_0 H$）能更准确地描述材料的磁化状态。

此外，现在有些专家认为，可采用磁化强度 M 来更好地描述磁性材料。在磁性材料磁场测量上有两个学派：一个是通过应用安培定律（通过测量励磁电流)间接测量;另一个通过测量线圈(应用法拉第电磁感应定律)直接测量。在真正选择测量磁场的传感器时,目前仍在讨论是测量磁场强度 H 还是磁感应强度 B。因此,与建立了明确术语的电参量测量相比,磁性测量有许多基本问题仍在讨论中。

工程界不少专家认为:对于磁性材料,虽常常由磁感应强度 B 描述,实际上,却用标准爱泼斯坦方圈法和单片法测量的是磁极化强度。最近,许多标准推荐采用磁场极化强度 J 替代磁感应强度 B,例如:宝山钢铁股份有限公司供货技术条件中的《全工艺冷轧无取向电工钢带》(Q/BQB 480—2018),就以标注的形式把磁极化强度(磁感应强度)等同起来了。

磁化曲线和磁滞回线在工程实际中有着重要的意义,本章再做一些深入的讨论。我们知道磁化曲线代表了极化强度 J(或磁感应强度 B)和磁场强度 H 之间的关系。它包含着给定磁性材料的基本信息,当然,通常这些信息都可在有关材料性质的资料中查出。图 6-1 给出一个典型的磁化曲线,磁化过程可分成几个部分,从材料完全退磁状态开始,当有外加的小磁场作用时,磁畴自发从最接近外磁场方向开始磁化,逐渐消耗在其他畴区域。对于一个小磁场,这个过程是可逆的,如果移去磁场,材料将回到初始状态而没有磁滞。

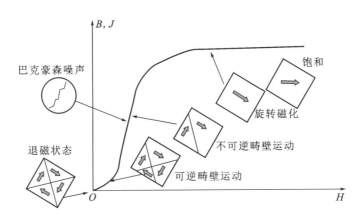

图 6-1 磁化曲线

下一部分磁化曲线以最大磁导率为特征。在本部分中,畴壁运动是不可逆的,如果我们移去磁场,由于畴壁的新位置,材料仍然被部分磁化,即出现磁滞效应。个别畴壁的运动位移是可检测的,从一个固定位置"跳"到另一外置,畴壁的位移是不连续的。这种不规则的磁化,可由缠绕在磁化材料上线圈的脉冲电压产生。这种现象叫作"巴克豪森效应"。注意与畴壁运动有关的不连续变化量,在图 6-1 中这部分曲线放大后是不光滑的。巴克豪森噪声很大程度取决于微观结构和机械压力,因此,它通常用于材料评价和无损检测。当进一步增加磁场(高于拐点),畴壁运动过程消失了,而且磁畴排列旋转到与磁化方向一致——沿着磁场的方向强制磁化。随着磁场强度的增大,极化值达到饱和极化强度 J_s 附近,然后随磁场变化就很小了。原始磁化曲线可以通过测量由直流磁场变化引起的磁感应强度变化获得(退磁后的开始状态)。实际上更常见更简单的是使样品在交变磁场磁化,磁化曲线是磁滞回线端点的联机。通过交流励磁确定的磁化曲线,磁场强度和磁感应强度都可以是非正弦的。因此,关系式 $B = f(H)$ 通常决定于 B、H 的有效值(或者其平均值)。

　　非线性的磁化曲线及不可逆的磁滞回线是铁磁材料的重要技术特性。磁滞是所有铁磁材料的一个实际特征——通常是象征磁性的一个代名词。典型的磁滞回线如图 6-2 所示。从退磁状态开始,第一个路径是类似于原始磁化曲线 O 和 s 之间的一部分。但是,如果开始减小磁场强度,则会沿路径 $s—r$ 返回,这是由于畴壁位置不可逆转引起磁化曲线的上升。因此,回到磁场强度为零的位置 r,材料依然被磁化且该磁化成为剩磁感应强度 B_r(简称剩磁)。磁滞回线通常被视为磁性材料具有的一种现象,因此也是一个最经常测试的磁特性。此时若给磁体反向充磁时,使磁感应强度降为零,即由 r 到 $-H_c$,所需反向磁场强度的值 H_c,称之为磁感矫顽力。若继续再反向增加磁场则又会在负方向达到饱和,即由 $-H_c$ 到 $-s$,达到饱和后,此时再往正向逐步增加磁场,到达磁场为零时,磁感应强度仍不为零,由 $-s$ 达到 $-B_r$ 点,这是负向的剩磁。再增加磁场使剩磁再为零,即由 $-B_r—H_c$,这是和反向磁场强度的值 H_c 对称的位置,继续增加磁场则仍回到原来的饱和的位置,这样就形成了一个闭合的回线,称之为磁滞回线。

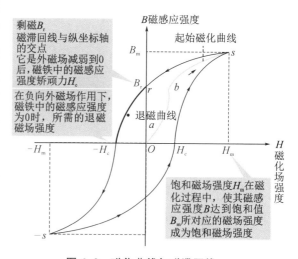

图 6-2　磁化曲线与磁滞回线

钕铁硼强磁材料的磁感应强度 B 与磁化场强度 H 之间的关系曲线,如图 6-2 所示。

当磁场按 $H_m \rightarrow H_c \rightarrow O \rightarrow -H_c \rightarrow -H_m \rightarrow -H_c \rightarrow O \rightarrow H_c \rightarrow H_m$ 次序变化,相应的磁感应强度 B 则沿闭合曲线变化,这闭合曲线称为磁滞回线。图 6-2 中的原点 O 表示磁化之前硬磁物质处于磁中性状态,即 $B = H = 0$,当磁场 H 从零开始增加时,磁感应强度 B 随之缓慢上升,如线段 Oa 所示,继之 B 随 H 迅速增长,如 ab 所示,其后 B 的增长又趋缓慢,并当 H 增至 H_m 时,B 到达饱和值 B_m,这条 $Oabs$ 粗曲线称为起始磁化曲线。

当磁场从 Hs 逐渐减小至零,磁感应强度 B 并不沿起始磁化曲线恢复到"0"点,而是沿另一条新的曲线 sr 下降,比较线段 Os 和 sr 可知,H 减小 B 相应也减小,但 B 的变化滞后于 H 的变化,这现象称为磁滞,磁滞的明显特征是当 $H = 0$ 时,B 不为零,而保留剩磁 B_r。当磁场反向从 O 逐渐变至 $-H_c$ 时,磁感应强度 B 消失,说明要消除剩磁,必须施加反向磁场,H_c 称为矫顽力,它的大小反映磁性材料保持剩磁状态的能力,B_r 至 $-H_c$ 粗线段称为退磁曲线。对同一铁磁材料以不同的磁场强度 H 分别进行多次反复磁化,可得到多个大小不等的磁滞回线,如图 6-3 所示。将各磁滞回线的顶点连接起来,所得到的一条曲线称为基本磁化曲线或平均磁化曲线。基本磁化曲线和起始磁化曲线不是一条线,但两者差别不大,直流磁路计算时所用的磁化曲线都是基本磁化曲线。

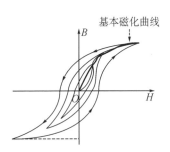

图 6-3　基本磁化曲线

但由图 6-2 可知,当磁场反向从 O 逐渐变至 $-H_c$ 时,磁感应强度 B 消失,说明要消除剩磁,必须施加反向磁场,H_c 称为矫顽力,它的大小反映磁性材料保持剩磁状态的能力,此时磁体的磁化强度并不为零,只是所加的反向磁场与磁体的磁化强度作用相互抵消,此时若撤销外磁场,磁体仍具有一定的磁性能。$1 \text{ A/m} = 4\pi \times 10^{-3} \text{ Oe},1 \text{ Oe} = (1000/4\pi) \text{ A/m}$。若使磁体的磁化强度也要降为零所需施加的反向磁场强度,我们称之为内禀矫顽力 H_{cj}。磁材牌号的分类就是按照其内禀矫顽力的大小划分。低矫顽力 N、中等矫顽力 M、高矫顽力 H、特高矫顽力 UH、极高矫顽力 EH、至高矫顽力 TH。永磁材料在外磁场作用下被磁化后产生的内在磁感应强度,称为内禀磁感应强度 B_i,又称磁极化强度 J。

描述内禀磁感应强度 $B_i(J)$ 与磁场强度 H 关系的曲线是 F 反映永磁材料内在磁性能的曲线,称为内禀退磁曲线,简称内禀曲线。内禀退磁曲线上磁感应强度 B 为 0 时,相应的磁场强度称为内禀矫顽力 H_{cj}。内禀矫顽力的值反映永磁材料抗退磁能力的大小。

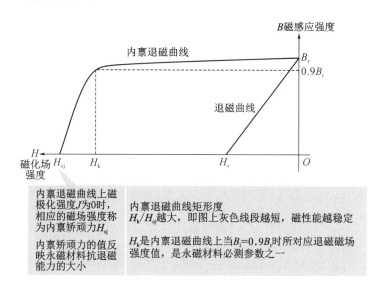

图 6-4　退磁曲线与内禀退磁曲线

　　我们常说的内禀退磁曲线矩形度或方形度,是指内禀曲线图中 H_k 与 H_{cj} 的比值。比值越大,即图上 H_k 与 H_{cj} 的线段越短,磁性能越稳定。H_k 是内禀退磁曲线上当 $B_i=0.9B_r$ 时所对应退磁磁场强度值,是永磁材料必测参数之一(图 6-4)。 一般说来,永磁材料生产厂家会提供各牌号产品在不同使用温度下的退磁曲线,如图 6-5 是 48M 和 48H 两种型号的不同温度下的退磁曲线和内禀曲线。看似复杂,但本质就是将多个退磁曲线和内禀曲线放在一张图上呈现。

　　图 6-6 为磁滞回线的典型测试方法,因为磁感应强度为时间的导数,尽管先进的示波器可以执行操作,但通常积分放大器是必不可少的。

　　励磁磁场强度通常取决于磁化电流值(电压降 V_H),根据安培定律 $H=I_1N_1/L$(L 是磁路长度,在环形样品中取平均周长,N_1 是磁化绕组匝数)。磁感应强度通常可由法拉第定律 $dB/dt=-V_2N_2/A$(A 为截面积)得出。马蹄型永久磁铁通常被用作一个磁性的标志,现代稀土磁铁可产生的 BH 高于 400 kJ/m³,非常接近于理论极限假定为 485 kJ/m³。诸如 1 200 kA/m 以上(磁

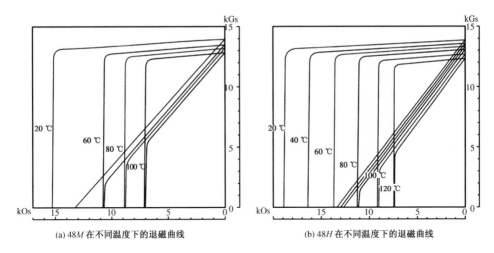

(a) 48M 在不同温度下的退磁曲线　　　　　　　　　　(b) 48H 在不同温度下的退磁曲线

图 6-5　退磁曲线和内禀曲线

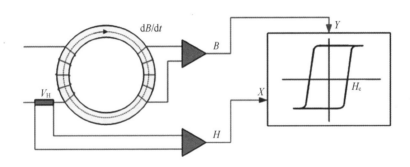

图 6-6　磁滞回线的典型测试方法

矫顽力大磁场的测量研究,促进了硬磁材料测试新方法的发展,其中一种解决方案是使用脉冲测试领域的技术。永磁材料磁滞回曲线的形状和特征可用若干参数表示,在实际应用中可根据这些参数在数量上的差异对磁材进行分类,并决定它们的用途,这些参数也是磁路设计中的主要依据。例如:

① 饱和磁场强度 H_m

在磁性材料磁化过程中,使其感应强度 B 达到饱和值 B_m 的磁场强度称为饱和磁场强度 H_m。磁材在充磁时应完全磁化,即充磁磁场强度 H 应达到 H_m 值,才能得到最大可能磁化的退磁曲线。这样的退磁曲线最稳定,能够展现出材料的最优磁性能。若充磁磁场强度 H 低于 H_m 值,则将有不同形状的磁滞曲线,其退磁曲线会不稳定,磁铁表现出的磁性能也较低。由此可见,在磁材生产过程中应知道所用磁性材料的 H_m 值,在充磁过程中磁场务必达到甚至超过该值。

② 剩余磁感应强度 B_r

磁滞回曲线与纵坐标轴的交点,即退磁曲线的起始点的 B 值,叫作剩余磁感应强度,简称剩磁,用 B_r 表示。它是磁性材料在去除外磁场后,磁铁中的磁感应强度值。

③ 磁感应矫顽力 H_c

在负向磁场作用下,磁铁中的磁感应强度 B 随着退磁磁场的增大而减弱。使磁铁中磁感应强度 B 达到零所需的去磁磁场强度,称为磁感矫顽力,简称矫顽力,用 H_c 或 H_{cb} 表示。

④ 磁导率

起始磁化曲线与磁滞回曲线上的任意一点的斜率,即任意一点上 B 和 H 的增量之比,叫作磁导率,它随运行点的不同而变化。软磁材料的磁导率很大,而永磁材料/硬磁材料的磁导率较小。

一般说来,剩余磁感应强度 B_r 与矫顽力 H_c 之比越小,磁导率越小。对于永磁体,人们通常关心的是起始磁导率、最大磁导率和可逆磁导率这三个量。

⑤ 磁能积和最大磁能积

永磁体的退磁曲线上任意一点的磁通密度(也称磁感应强度 B)与磁场强度 H 的乘积,称为磁能积 BH。它的大小与该磁体在给定工作状态下所具有的磁能密度成正比。磁能积与磁感应强度 B 的关系曲线叫作磁能积曲线,它是以永磁体退磁曲线上各点 B 和 H 值乘积为横坐标,磁通密度 B 为纵坐标求得的曲线。下面还将再介绍。图 6-7 是磁能积曲线和退磁曲线的相关图。退磁曲线中间某个位置磁能积达到最大值,成为最大磁能积 $(BH)_m$。对于退磁曲线为直线的永磁材料,在 $(B_r/2, H_c/2)$ 的 P_2 处磁能积最大。

最大磁能积 $(BH)_m$ 代表了磁铁两磁极空间所建立的磁能量密度,即气隙单位体积的静磁能量,是 B_r 与 H_{cj} 乘积的最大值,它的大小直接表明了磁体的性能高低。在同等的条件下,即相同尺寸、相同极数和相同的充磁电压,磁能积高的磁件所获得的表磁也高,但在相同的 $(BH)_m$ 值时,B_r 和 H_{cj} 的高低对充磁有以下影响:

a. B_r 高,H_{cj} 低:在同等充磁电压下,能得到较高的表磁;

b. B_r 低,H_{cj} 高:要得到相同表磁,需用较高充磁电压。

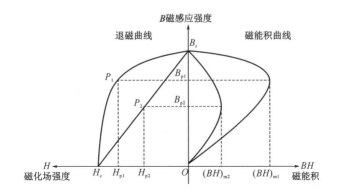

图 6-7　磁能积曲线和退磁曲线的相关图

工程实际中,由于磁体中心和边缘的磁场情况不一样,这里引出了一个"表磁"的概念,表磁是指磁体表面某一点的磁感应强度(磁体中心和边缘的表磁不一样),是高斯计与磁体某一表面接触测得的数值,并非该磁体整体的磁性能。表磁与磁铁的高径比(磁铁的高度与直径之比)有关,高径比越大,表磁越高,即垂直于磁化方向的表面积越大,表磁越低,磁化方向尺寸越大,表磁越高。

（2）对空间磁场的测量

它涉及空间磁场的大小、方向、梯度、随时间的变化等。目前测量磁场及磁场梯度方法原理上有:

① 已知产生磁场的电流与磁场的严格关系,通过测量电流确定磁场;

② 磁通法。交流或直流,或交直流同时工作的方法,例如:感应法;

③ 借助于一些物质的某种特性与磁的严格依赖性(规律性)测量这些特性的改变来确定磁场;

④ 利用一些常规方法测出的"标准试样"去定标磁场梯度,特别在梯度值很大的场合。

6.1.2　磁测量主要仪器的介绍

前面我们的叙述中,已对磁测量内容作了分类,即一种是对空间宏观磁场的测量,另一种是对磁性材料进行磁学量测量。通常按测量对象不同分为两大类。

第一类仪器用于测量磁场强度、磁通密度、磁通量、磁矩等表征磁场特征的物理量。典型仪器有磁通计、磁强计、磁位计等。这类仪器的工作原理可分三种。第一种是利用磁的力效应,用于测量地磁场强度和检验磁性材料;第二种根据法拉第的电磁感应定律,由感应电动势求出磁通的变化,再汇出各种待求的磁场量;第三种利用磁致物理效应(如霍尔效应等)来测量磁通密度,对静止的或变动的磁场量均适用。这类仪器的准确度可达 $10^{-3} \sim 10^{-4}$ T 量级。

第二类仪器用于测量磁导率、磁化强度、磁化曲线、磁滞回线、交流损耗等磁性材料的特性,例如磁导计、爱泼斯坦仪等。这类仪器所依据的原理与第一类相似,但所能达到的准确度受到材料样品的几何尺寸及磁特性的一致性等因素的影响,为 $10^{-2} \sim 10^{-3}$ T 量级。由于磁性材料的应用极为广泛,第二类仪器的使用比第一类更为普遍。

虽然自 20 世纪 60 年代以来,磁测量仪器有了飞速发展。核磁共振、超导量子干涉效应、磁光效应等各种新的物理效应的应用,使磁通密度的测量误差可达到 $10^{-6} \sim 10^{-7}$ T 量级,量限则扩展到 $10^{-15} \sim 10$ T 的量级,最灵敏的仪器已可探测到人体的心磁场、脑磁场等所产生的生物磁效应,为生物科学的发展提供了新的手段。量限最高的可测量超导磁体产生的十几特的强磁场。随着电子技术及计算机技术的应用,磁测量仪器的自动化程度也大为提高,并具备数据处理功能,可直接用于监测生产中的动态过程,控制产品质量。但是本书是针对电声器件所需的测量,因而,着重于在电声工程中常用的测磁仪器做介绍。

下面分别做介绍:

永磁测量仪器是用于各种永磁磁性材料磁性能参数测量的专用仪器。

我们通常用到的仪器有:高斯计(特斯拉计)、磁通计、$B\text{-}H$ 磁滞回线仪等。

① 高斯计(特斯拉计):用于测量各种永磁体表面磁场强度及气隙磁场强度。

② 磁通计:用于测量永磁体的感应磁通量。

③ $B\text{-}H$ 磁滞回线仪:用于测量永磁材料 B_r、H_{cb}、H_{cj}、BH_m 等磁性能参数,可自动绘制磁滞回线和退磁曲线。

(1) 高斯计(特斯拉计)

高斯计(特斯拉计)是采用霍尔原理,配以霍尔偏值电路,放大电路,AD 电路,显示电路,定标后用来测试磁感应强度(磁场强度)的仪器(图 6-8)。在 CGS 单位制中,磁感应强度的单位是高斯,因此叫高斯计。在 SI 单位制中,磁感应强度的单位是特斯拉,因此叫特斯拉计。它们的换算关系为:1 T(特斯拉)＝1 000 mT(毫特斯拉)＝10 000 Gs(高斯)。

总之,它们应是一类仪器,只不过是测量的单位不同而已,特斯拉单位太大,一般采用毫特斯拉单位,现在很多人都喜欢用高斯单位,感觉要直观一点。高斯计传感器使用的霍尔传感器原理。霍尔传感器是一种固体的传感器,其输出电压与磁场强度成比例。顾名思义,这种器件是依赖于霍尔效应原理工作的。霍尔效应原理是在导体通电和加有磁场的情况下,在导体的横向上会产生电压。电子(在实践中多数载流子最常被使用)在外部电场的驱动下会产生"漂移",当暴露于磁场中时,这些运动的带电粒子会受到一个垂直于电场和磁场的力的作用。这个力会让导体的边缘充电,一边为正,一边为负。边缘充电形成一个电场,电场给运动的电子施加一个与洛伦兹力相等但方向相反的力。电势差是沿着导体的宽度方向,被称为霍尔电压。霍尔电压在实践中被应用为将两个电接触连接到一个导体的两侧。霍尔电压是随感应磁场的角度变化的,当磁场与霍尔传感器垂直时,霍尔电压达到最大值。横向霍尔传感器通常比较薄,形状为长方形。它们比较成功地被应用为磁场间隙测量、表面磁场测量、普通的敞开式磁场测量等。轴向霍尔传感器多数为圆柱形的,它们的主要应用包括环形磁体中心磁场测量、螺线管磁场测量、表面磁场测量、普通的磁场感应。霍尔传感器敏感区是这样的,霍尔传感器中包含一片半导体材料,半导体材料上有四个电极。通常被称为霍尔片,霍尔片是其最简单的形式,固定长度、宽度和厚度的长方体。由于电流源的触点短路效应,对磁场最灵敏的地方是在一个圈内,也就是在霍尔片的中心,直径与霍尔片宽度一致。因此,当敏感区给出时,上面所说的圈就是普通的估计。

① 高斯计(特斯拉计)的种类分类:指针式、数位式、便携式。

② 高斯计(特斯拉计)的应用

a. 永磁体的表面磁场测量:采用高斯计(特斯拉计)测量永磁产品表面磁场强度,主要是对永磁产品的质量及充磁后磁性能一致性的评估;通常对磁体表面中心点的磁场强度进行测量,通过对标准样品数据进行比较从而判断产

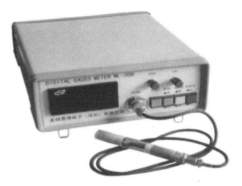

图 6-8　高斯计

品是否合格,同时也可以保证材料的一致性。

　　b. 气隙磁场的测量:采用高斯计(特斯拉计)测量气磁场的应用比较广泛,在科研、电子制造、机械等领域均有用到。目前应用比较典型的行业主要有电机和电声两大行业。

　　c. 余磁测量:如工件退磁后的退磁效果检测。

　　d. 漏磁测量:如喇叭漏磁测量。

　　e. 环境磁场测量。

　　③ 高斯计(特斯拉计)的选型。

　　高斯计(特斯拉计)的选型首先应从测量对象入手,考虑以下几个方面:

　　a. 磁场类型:磁场分为直流磁场和交流磁场两种,永磁材料磁场强度应选用直流高斯计测量;

　　b. 仪器量程:明确被测对象的大概磁场范围,选择仪器的量程范围应大于被测量磁场;

　　c. 测量精确度:指仪器的分辨率,如分辨率是 1 Gs 或者 0.1 Gs 等;

　　d. 探头选择:通常仪器生产厂家的测试探头都有多种不同规格,以满足各种不同测试要求,测量表面磁场强度通常不需要考虑探头规格。

　　在探头选择上,又要注意以下几方面的问题:

　　▲ 探头尺寸大小的问题。在气隙磁场测量中,应考虑探头的尺寸大小,如探头尺寸大于被测气隙,则无法进入到被测的气隙中,从而无法使用;

　　▲ 探头方向选择的问题。探头方向分横向和轴向两种,用户在探头选择时应根据被测对象考虑选择适合的探头;

　　▲ 探头连接线的问题。仪器生产厂家生产的探头线缆的长度通常是固定的,如有特殊测量要求,需延长或缩短探头线时,应向厂家提出。

　　④ 高斯计(特斯拉计)选用上又应考虑的问题有:

　　a. 供电方式:台式高斯计通常采用交流 220 V 供电,便携式高斯计采用电池供电;

　　b. 功能选择:常规功能有极性判断、最大值锁定等;

　　c. 便携性:如需户外操作或现场测量,可选择便携性较好的掌上高斯计(便携式),此类仪器体积小、质量轻,采用电池供电;

　　d. 生产线快速测量:仪器具有上、下限设置及报警功能;

　　e. 交流磁场测量:用于测量低频(1～400 Hz)交变磁场强度的大小。

（2）磁通计

磁通计一般是直接测量探头线圈的磁感应通量,使用较多的是配以亥姆霍兹线圈,此种方法多是与标准样品进行比较,进而进行产品的合格性判定。磁通计是测量磁通(量)的一种磁测量仪器,用于空间磁场的测量和材料的磁性研究。

常用的有磁电式、电子式和数字积分式三种类型,各种类型仪器具体的工作原理这里就不介绍了。磁通计是在测量线圈内磁通量变化时,根据可动框架的偏转程度来确定磁通量的磁场测量仪器。当测量线圈内磁通量 Φ 变化时,有感应电流通过框架绕组,促使框架产生一定偏度 α。 Φ 和 α 成正比,磁通量为:

$$\Phi = (c\alpha/N) \times 10^{-3} \tag{6-3}$$

式中:c 为磁通计冲击系数,标准磁通计的 $c=1$;N 为测量线圈匝数。

磁通量是直接测量出的,磁场强度则是经计算后得出的,因为磁通量与所在位置磁场强度 H 及测量线圈平均截面积 S 之积有关,故磁场强度 $H = \Phi/S = (c\alpha/NS) \times 10^{-3}$。磁通计在使用前需要校正,以保证测量的准确性。磁通计是测量磁通量的仪器,同时需配合测量线圈(直径 $0.1 \sim 0.5$ cm 的铜线)。近年来国内永磁体生产厂家广泛地采用亥姆霍兹线圈对批量产品进行检测。亥姆霍兹线圈是一种制造小范围区域均匀磁场的器件。由于亥姆霍兹线圈具有开敞性质,很容易将其他仪器置入或移出,也可以直接做视觉观察,所以是物理实验常使用的器件。因德国物理学者赫尔曼·冯·亥姆霍兹而命名。

磁通计使用之前,一定要按照要求进行预热,使用中要调整好积分漂移,使漂移量在规定的范围之内。每次测量之前要复位清零,释放掉积分电容的残留电荷或漂移积分电荷。

当磁体的磁路闭合时,可以使用磁通计测量、计算剩磁,具体计算方法是:

$$B_r = \Phi/NS \tag{6-4}$$

式中:Φ— 磁通量;N— 线圈匝数;S— 磁体横截面积。

应用磁通计进行产品的合格性检验时,被测样品和线圈的相对位置一定要与“标准样品的和线圈的相对位置”相同。如果产品的性能范围有严格的要求,应保存上限性能的产品、下限性能的产品,以进行检验定标、检验。如图 6-9 为常用 GM808 磁通计及亥姆霍兹线圈。

（3）永磁 B-H 磁滞回线测量仪

永磁 B-H 磁滞回线测量仪可测量永磁材料的磁滞回线和退磁曲线,准确

图 6-9　常用 GM808 磁通计及亥姆霍兹线圈

测量剩磁 B_r、磁感矫顽力 H_{cb}、内禀矫顽力 H_{cj} 和最大磁能积 $(BH)_m$ 等磁特性参数(图 6-10)。

随着计算机系统集成技术的迅速发展与应用,基于计算机操作平台的磁测量系统也应运而生。闭合磁路中永磁材料的测量(B-H 测量仪)是目前最常用的测量方法,符合 IEC 60404-5 和 GB/T 3217—2013 的要求。主流设备有:Magnet-Physik、Brockhaus、Metie、天端实业 GM1000H 系列、中国计量科学院 NIM-2000H、永逸科技 FE-2100H、

图 6-10　永磁 B-H 磁滞回线测量仪

联众科技 MATS-2010H、长沙天恒 TD-8300 和绵阳双极 AMT-4 等测量装置等。目前测试重复性最好的设备为德国 Magnet-Physik 制造的 Permagraph C-750,拥有磁通计控制漂移全行业第一(0.1 μWb/min),测试线圈加工技术全球第一(厚度 1 mm)两项技术。国内天端实业研制的 TA8008 采样速度,程序稳定性算法优化控制漂移达到国内领先。永磁材料包含内禀矫顽力 H_{cj} 小于 600 kA/m 一般永磁(如 AlNiCo 和永磁铁氧体)和 H_{cj} 大于 600 kA/m 的稀土永磁(如 NdFeB 和 SmCo 等)。由于材料的 H_{cj} 高,采用环形闭路样品是无法获得材料的饱和磁滞回线以及定义在饱和磁滞回线的剩磁 B_r、磁感矫顽力 H_c、内禀矫顽力 H_{cj} 和最大磁能积 $(BH)_m$ 等相关参数的。需要借助外部磁路(如电磁铁)产生更大的励磁磁场来进行测量。电磁铁为一个标准的准闭路励磁模型,在间隙中获得 30 kOe(约 2400 kA/m)的磁场,基本上可以满足测量的要求。根据测量永磁材料的规范,一般永磁可以直接在电磁铁中进行测量,B 和 H 可以

通过高斯计和磁通计进行直接采集。国际上目前最为使用者所认可的设备依然是德国 Magnet-Physik 生产的 Permagraph C-750,国内设备目前与该设备的差距已经很小。

（4）磁导率仪

磁导率的测量是间接测量,测出磁心上绕组线圈的电感量,再用公式计算出磁芯材料的磁导率。所以,磁导率的测试仪器就是电感测试仪。在此强调指出,有些简易的电感测试仪器,测试频率不能调,而且测试电压也不能调。例如某些电桥,测试频率为100 Hz或 1 kHz,测试电压为 0.3 V,给出的这个 0.3 V 并不是电感线圈两端的电压,而是信号发生器产生的电压。至于被测线圈两端的电压是个未知数。如果用高档的仪器测量电感,例如 Agilent 4284A 精密 LCR 测试仪,不但测试频率可调,而且被测电感线圈两端的电压及磁化电流都是可调的。了解测试仪器的这些功能,对磁导率的正确测量是大有帮助的。说起磁导率 μ 的测量,似乎非常简单,在材料样环上随便绕几匝线圈,测其电感,找个公式一算就完了。其实不然,对同一只样环,用不同仪器,绕不同匝数,加不同电压或者用不同频率都可能测出差别甚远的磁导率。造成测试结果差别极大的原因,并非每个测试人员都有精力搞得清楚。大家知道,测量磁导率 μ 的方法一般是在样环上绕 N 匝线圈测其电感 L,对于内径较小的环型磁心,内径不如壁厚容易测量,它们的由来是把环的平均磁路长度当成了磁心的磁路长度。用它们计算出来的磁导率称为材料的环磁导率。有人说用环型样品测量出来的磁导率就叫环磁导率,这种说法是不正确的。实际上,环磁导率比材料的真实磁导率要偏高一些,且样环的壁越厚,误差越大。

对于样环来说,在相同匝数磁动势激励下,磁化场在径向方向上是不均匀的。越靠近环壁的外侧面,磁场就越弱。在样环各处磁导率 μ 不变的条件下,越靠近环壁的外侧,环的磁通密度 B 就越低。为了消除这种不均匀磁化对测量的影响,我们把样环看成是由无穷多个半径为 r,壁厚无限薄为 dr 的薄壁环组成。若样环是由同一种材料组成,则计算出来的磁导率就是其材料的真正磁导率 μ。它比其环磁导率略低一些。此外,测量磁导率时,样环中的磁化场强度与测试线圈的匝数有关,当匝数为某一定值时磁场强度就会达到最强值。而材料的磁导率又与磁化场强密切相关,所以磁导率的测量与测试线圈匝数有关。对于高档仪器,如 Agilent 4284A 精密 LCR 测试仪,它的测试电压可以调得极低,以至于测试磁场强度随匝数的变化达到最强时,仍然没有超出磁导率的起始区。这时测得的总是材料的起始磁导率 μ_i，它与测试线圈匝数 N 无关。用同一台仪器，如果把测试电压调得比较高，不能再保证不同匝数测得的磁导率都是起始磁导率，这时所测得的磁导率又会与测试线圈匝数有关了。磁导率仪的实物如图 6-11。

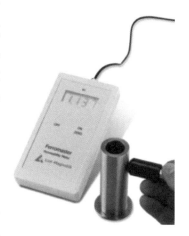

6.1.3　磁测量有关标准介绍

（1）烧结钕铁硼永磁材料产品的标准

烧结钕铁硼永磁材料产品应给出该产品的技术磁参数，包括剩磁 B_r、磁感矫顽力 H_{cb}、内禀矫顽力 H_{cj}、最大磁能积 $(BH)_m$、退磁曲线方形度

图 6-11　磁导率仪

和 B-H 退磁曲线、回复磁导率 μ_{rec} 等。1992 年国家质量技术监督局制定了我国关于永磁（硬磁）材料磁性能检测的国家标准，2013 年标准重新起草，新标准参考并引用了国际电工协会的 IEC 60404-5：2013 及其 2006 修正案，这是我国现行最新的关于磁性材料磁性能检测的国家标准，标准编码为 GB/T 3217—2013。具体的测量及计算方法在国家标准文件中有详细说明，在这里就不介绍了，想了解或获得国家标准原文的读者可以在标准局查到有关的"国家标准"。

（2）磁材料的直、交流磁特性测量

软磁材料直流磁特性测量：参考标准为《软磁材料直流磁性能的测量方法》（GB/T 13012—2008/IEC 60404-4：2000）。交流磁特性测量可参考的国家标准有：《软磁材料交流磁性能环形试样的测量方法》（GB/T 3658—2008）、《通信用电感器和变压器磁心测量方法》（GB/T 9632.1—2002）以及相关的国际标准 IEC 60404-6。上海某公司进行了大约两年的软磁材料开路样品直流磁特性测试设备的研究，经过数千个测试资料的考核，成功验证了软磁直流螺线管圆柱样品退磁修正法、软磁材料 B 类磁导计法和软磁材料矫顽力测试仪，并将铁磁圆柱直流磁性能标准样品测定方法、磁导计校正方法申请发明专利，他们是目前唯一一家将三种测试方法进行统一的直流磁性能设备制造企业。在完成此项目的研究过程中，他们发现软磁开路样品测量中对材料的矫顽力 H_c 测量并非那么简单，参考《电工纯铁磁性能测量方法》（GB/T 3656—83）、《在开磁路中测量磁性材料矫顽力的方法》（GB/T 13888—92）（基本参考 IEC 404-7）和《软磁材料矫顽力的抛移测量方法》(GB/T 3656—2008)均存在较大的问题,即采用标准规范进行软磁材料开路样品的矫顽力测量,可能会存在较大的负偏离,并随材料的长径比增加偏差减小,随材料的矫顽力增大长径比要求降低。就最新《软磁材料矫顽力的抛移测量方法》(GB/T 3656—2008)也做过认真的探讨研究。

(3) 国家标准、行业标准、地方标准和企业标准

按级别分类中国标准分为国家标准、行业标准、地方标准和企业标准。

国家标准是指对全国经济技术发展有重大意义,需要在全国范围内统一技术要求所制定的标准。国家标准在全国范围内适用,其他各级标准不得与之相抵触。行业标准是指对没有国家标准而又需要在全国某个行业范围内统一技术要求所制定的标准。行业标准是对国家标准的补充,是专业性、技术性较强的标准。行业标准的制定不得与国家标准相抵触,国家标准公布实施后,相应的行业标准即行废止。对没有国家标准和行业标准而又需要在省、自治区、直辖市范围内统一工业产品的安全、卫生要求,可以制定地方标准。企业标准是指企业所制定的产品标准和在企业内需要协调、统一的技术要求和管理、工作要求所制定的标准。企业标准是企业组织生产,经营活动的依据。尤其是作为企业更应时刻牢记"一流企业做标准,二流企业做产品,三流企业做代工"的行业警语,努力在做标准上下功夫。企业标准的分类:①企业生产的产品,没有国家标准、行业标准和地方标准的,制定的企业产品标准;②为提高产品质量和技术进步,制定的严于国家标准、行业标准或地方标准的企业产品标准;③工艺、工装、半成品和方法标准;④生产、经营活动中的管理标准和工作标准。此外,还有国际标准及相关地区或国家间制定的标准,例如:深圳麦格雷博公司就参加了和日本、韩国一起的东北亚地区磁能产业标准的起草工作,这对企业发展和在行业圈内的地位都会有影响。我国有些标准也参照国际标准来制定国家标准。

6.2　磁场的仿真模拟

有限元分析是基于结构力学分析迅速发展起来的一种现代计算方法。它是 20 世纪 50 年代首先在连续体力学领域——飞机结构静、动态特性分析中应用的一种有效的数值分析方法,随后很快广泛地应用于求解热传导、电磁场、流

体力学等连续性问题。有限元分析软件目前最流行的有：ABAQUS、ANSYS、MSC 三个比较知名且比较大的公司。有限元方法已经应用于水工、土建、桥梁、机械、电机、冶金、造船、飞机、导弹、宇航、核能、地震、物探、气象、渗流、水声、力学、物理学等，几乎所有的科学研究和工程技术领域。基于有限元分析（FEA）算法编制的软件，即所谓的有限元分析软件。通常，根据软件的适用范围，可以将之区分为专业有限元软件和大型通用有限元软件。实际上，经过了几十年的发展和完善，各种专用的和通用的有限元软件已经使有限元方法转化为社会生产力。常见通用有限元软件包括 LUSAS，MSC.Nastran、Ansys、Abaqus、LMS-Samtech、Algor、Femap/NX Nastran、Hypermesh、COMSOL Multiphysics、FEPG 等。很多书中会向读者介绍利用有限元法对磁路的计算、分析的方法。因为这是一个非常形象、非常有效的方法。常用的 FEMM（Finite Element Method Magnetics）是一套解决二维平面和轴对称结构的低频电磁问题软件，它可以用来解决扬声器磁路中的线性、非线性的静磁场问题，线性、非线性随时间变化的时域谐波磁场的问题，还有线性的静电问题等。其优点是：直观可视、模拟能力强、使用方便且很实用。本书介绍一下 FEMM（Finite Element Method Magnetics）软件内容及使用方法，并对一个扬声器磁系统做一个实例分析。

6.2.1 对一个扬声器磁系统的磁场模拟仿真实例分析（以 FEMM 磁路为例）

1. 软件介绍

FEMM（Finite Element Method Magnetic）是一款基于二维轴对称磁路做有限元分析的工具，使用非常简单方便，可以做磁感线回路分析、磁密度分析、B 值曲线分析等，用于扬声器及微型喇叭的磁路分析，可根据分析结果及时调整磁路设计。

2. 基本操作方法

（1）打开 FEMM，然后点击 ⬚，新建，选择 Magnetics Problem（图 6-12）。

（2）从"Edit"下拉菜单选择"Preferences"，设置单位及轴对称（图 6-13）。

（3）设计界面左侧工具栏介绍（图 6-14）：

① 打开.Lua 脚本；

② 显示.Lua 对话框；

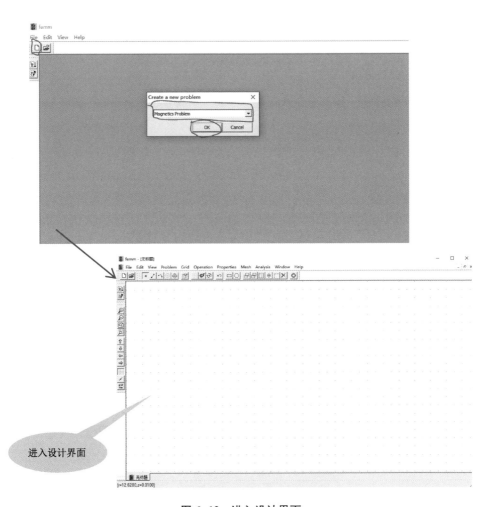

图 6-12　进入设计界面

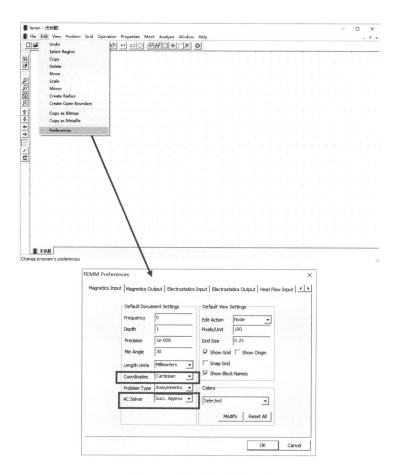

图 6-13　设置单位及轴对称

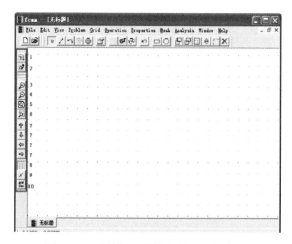

图 6-14　设计界面中的左侧工具栏介绍

③ 放大；

④ 缩小；

⑤ 放大至填满界面；

⑥ 局部放大；

⑦ 幕布上、下、左、右移动；

⑧ 显示网格点；

⑨ 对齐网格；

⑩ 修改网格分布尺寸。

(4) 设计界面正上方工具栏介绍(图 6-15)：

①点的输入按钮；

② 线段的输入按钮；

③ 圆弧的输入按钮；

④ 块标签按钮；

⑤ 组对象按钮；

⑥ 块定义设置按钮；

⑦ 网格划分；

⑧ 分析运算；

⑨ 查看；

⑩ 撤销(只能一步)；

⑪ 矩形区域选择；

⑫ 圆形区域选择；

⑬ 偏移(不保留)；

⑭ 复制偏移；

⑮ 缩放；

⑯ 镜像；

⑰ 倒角(输入 r)；

⑱ 删除所选。

(5) 磁路设计

① 两种方式：

a. FEMM 设计界面设计；

b. CAD 设计,存成 dxf 文件后在 FEMM 导入。

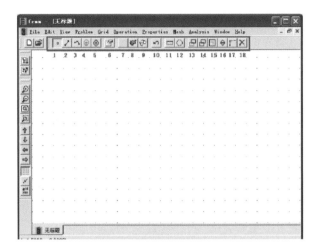

图 6-15　设计界面的正上方工具栏介绍

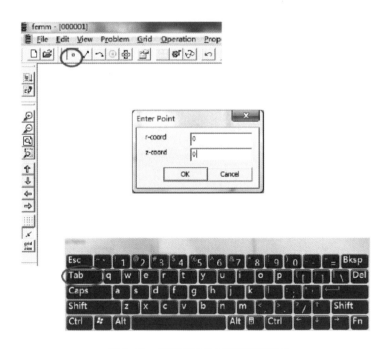

图 6-16　基于 FEMM 进行磁路设计

② 基于 FEMM 进行磁路设计(图 6-16)

a. 选择设计工具栏的"。"编辑按钮;

b. 点击键盘中的"Tab",弹出 Enter Point(输入点的坐标),例如(0,0);

c. 可以直接编辑所有点,也可以通过偏移功能进行偏移;

d. 可以直接编辑所有点,使用"█🖊█",进行所有需要的区域连成封闭区域,也可以通过偏移功能对线段进行偏移,达到快速设计的目的;

e. 要确定每个点的坐标(图 6-17),并且要求由原点(0,0)开始编辑比较方便;

f. 对音圈要进行特殊的定位及线圈宽度的设计。

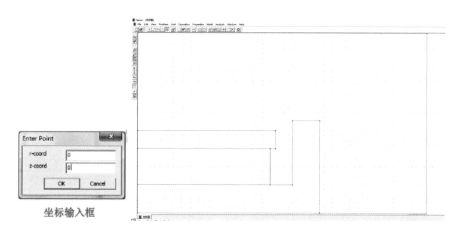

坐标输入框

图 6-17 对音圈进行特殊定位及线圈宽度的设计

(6) 材料添加

① 点击 Properties 下拉菜单中的 Materials Library(图 6-18)。

② 在 Materials Library 界面下,将所需的材料从左边窗口拉到右面(图 6-19)。

(7) 材料定义

① 选择 ◎ 按钮,然后点击所要定义的区域,该位置将会出现材料名称如 □<None> 。

② 右键选择 □<None>,然后点击空格键,弹出 Properties for selected block 窗口,按要求选择后确定(图 6-20)。

注意:对磁铁进行定义时一定要定义正确方向。

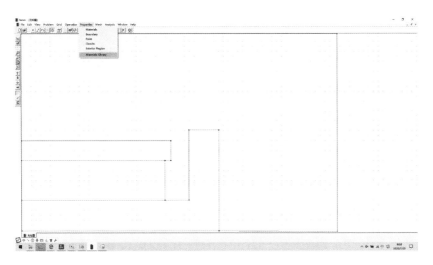

图 6-18　下拉材料中的 Materials Library

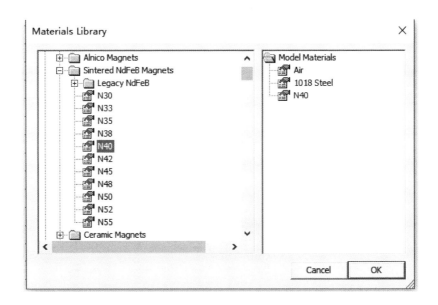

图 6-19　在 Materials Library 界面下,从左窗口寻找所需材料

(8) 分析运算

材料定义好之后,需先保存文档,才能进行运算分析(图 6-21)。

① 有限元网格分析

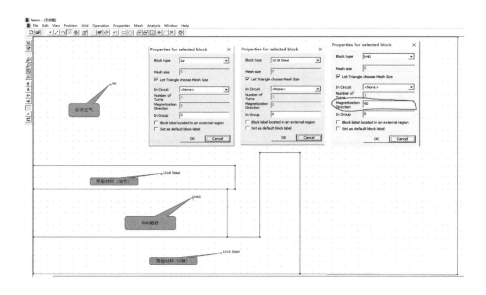

图 6-20　选择所需材料

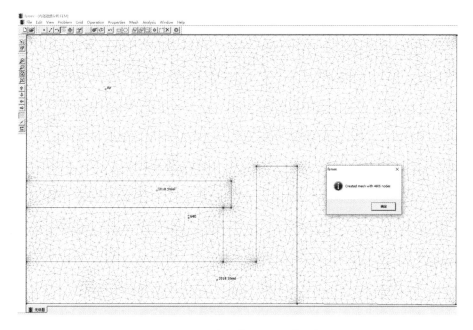

图 6-21　保存文档,进行运算分析

② 磁回路运算及显示(图 6-22)

依次选择 Analysis 菜单下 Analysis 及 View Results。

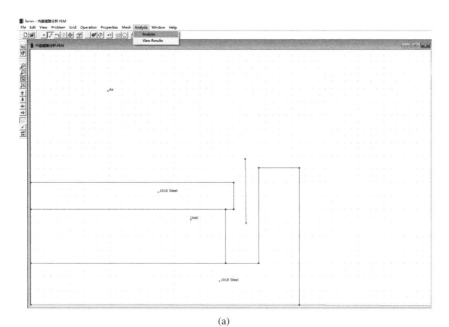

(a)

(b)

图 6-22 磁路运算及显示

③ 磁场强度热图显示

点击 图标,进行磁场强度的热图显示(图6-23)。

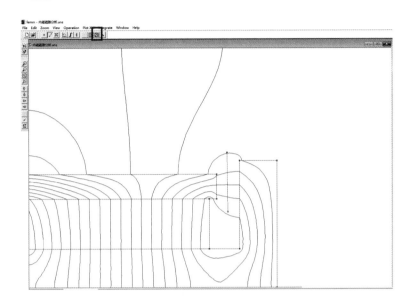

图 6-23　磁场强度热图显示

可以根据热图显示,对磁路进行设计优化(图6-24)。

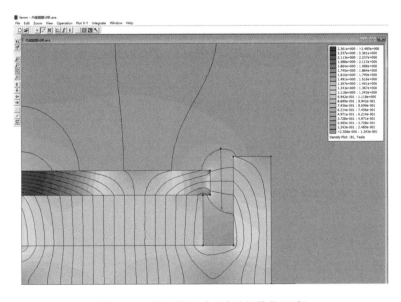

图 6-24　根据热图对磁路进行优化设计

④ *B* 值曲线显示

a. 点击 ↘ 图标；

b. 右键选中音圈两端点；

c. 点击 ⊥ 图标，即可显示 *B* 值曲线（图 6-25）。

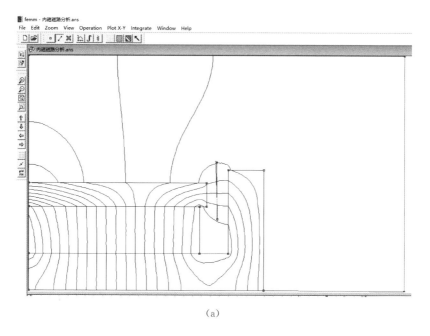

（a）

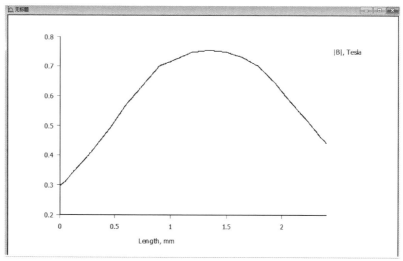

（b）

图 6-25 *B* 值曲线显示

3. 操作实例

对一钕铁硼内磁式微型喇叭进行磁路分析：

U 铁：尺寸 $20.6 \times 17.5 \times 4.5H \times 3.0$　无中孔

尺寸的单位是(mm)

对 U 铁而言，20.6 mm 是外径；17.5 mm 是内径；$4.5H$ 表示高度为 4.5 mm，3.0 是孔数。

华司：$15.6 \times 1.0H$　不带中孔

磁铁：$15 \times 2H$　N40　不带中孔

(1) 用 CAD 软件对上述磁路设计进行 2D 画图，并另存为 dxf 格式文档（图 6-26）。

注意点：

① 仅以整个磁路轴对称的半边做分析就可以了；

② CAD 画图时要形成封闭空间。

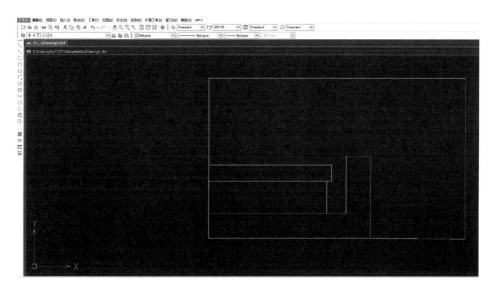

图 6-26　用 CAD 软件设计的 2D 图

（2）打开 FEMM 软件，新建文件，然后导入做好的 dxf 文件（图 6-27）。

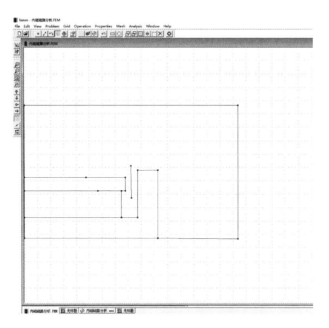

图 6-27　新建文件导入做好 dxf 文件

（3）材料添加

① 点击 Properties 下拉菜单中的 Materials Library（图 6-28）。

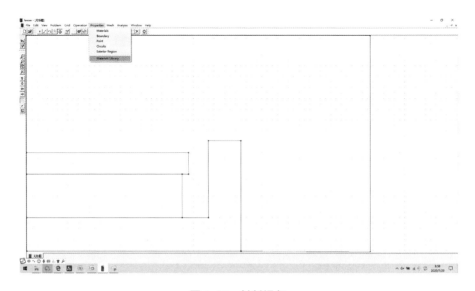

图 6-28　材料添加

② 在 Materials Library 界面下,将所需的材料从左边窗口拉到右面(图 6-29)。

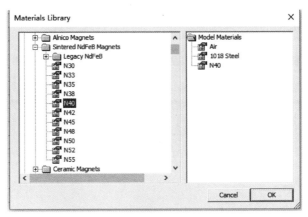

图 6-29　从左窗口选择进行添加

(4) 材料定义

① 选择◎按钮,然后点击所要定义的区域,该位置将会出现材料名称如 ▫<None> 。

② 右键选择 ▫<None> ,然后点击空格键,弹出 Properties for selected block 窗口,按要求选择后确定。

注意:对磁铁进行定义时一定要定义正确方向(图 6-30)。

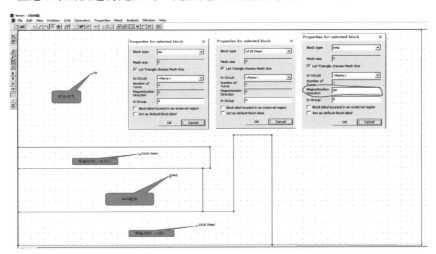

图 6-30　对磁铁正确定义

（5）分析运算

材料定义好之后，需先保存文档，才能进行运算分析（图6-31）。

① 创建网格

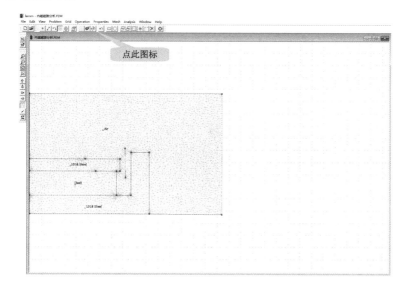

图6-31 保存文档以便运算

② 磁回路运算及显示（图6-32）

依次选择 Analysis 菜单下 Analysis 及 View Results。

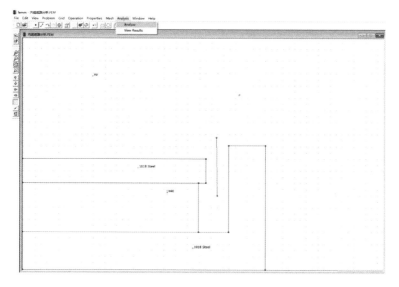

（a）

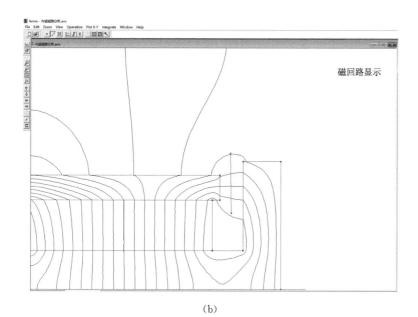

（b）

图 6-32　磁回路运算及显示

③ 磁场强度着色显示

点击◪图标,显示磁场强度热分布图(图 6-33)。

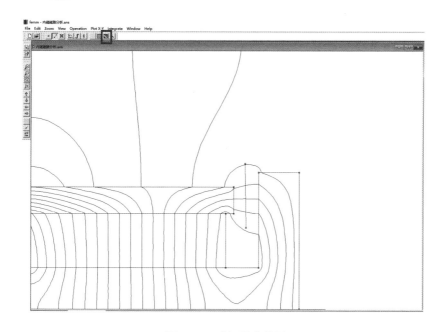

图 6-33　磁场强度热图

可以根据磁场强度热分布图,对磁路进行设计优化(图 6-34)。

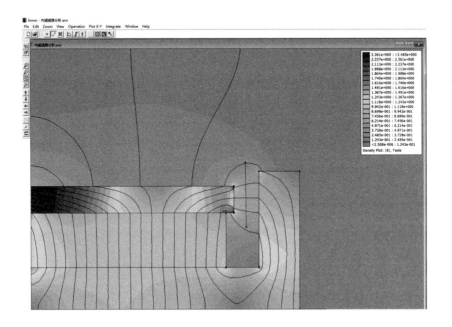

图 6-34　根据热图对磁路设计优化

④ B 值曲线显示(图 6-35)

a. 点击 图标;

b. 右键选中音圈两端点;

c. 点击 图标,即可显示 B 值曲线。

更多显示:

显示磁感线方向;

显示 B 及 H 均值。

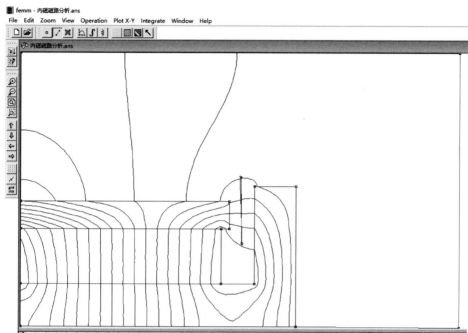

(a)

(b)

图 6-35 *B* 值曲线显示

6.2.2 对多磁体系统磁场的模拟仿真分析

多磁体系统磁场我们取的是内磁式(图 6-36~图 6-39)和内、外混合式,具体指标如下:

内磁式磁路描述:
U铁: 尺寸20.6×17.5×4.5H×3.0 不带中孔
华司: 15.6×1.0H 不带中孔
磁铁: 15×2H N40 不带中孔

内、外混合式磁路描述:
U铁: 尺寸20.6×17.5×4.5H×3.0 不带中孔
环形华司: 15.6×1.0H 不带中孔
钕铁硼磁铁: 15×2H N40 不带中孔
圆形底导磁片: Φ20.6×H3
环形磁铁: Φ20.6×Φ17.5×H2 Y30

H表示高度,单位为mm

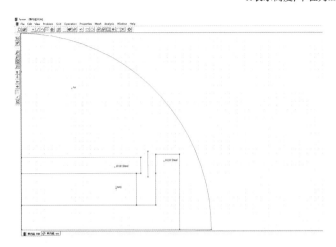

图 6-36 磁路平面图及材料定义(内磁式)

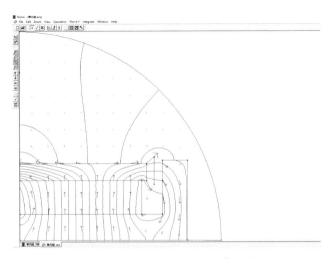

图 6-37 磁感线分布及方向(内磁式)

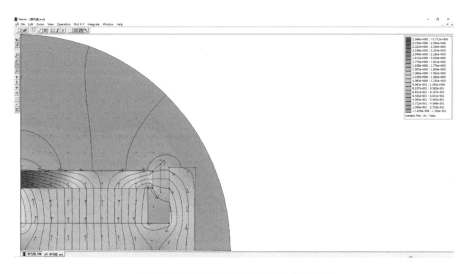

图 6-38 磁场强度热分布图(内磁式)

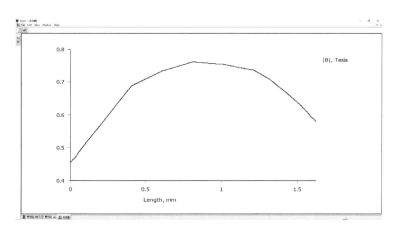

图 6-39 B 值曲线(内磁式)

下面把内、外混合式磁路的分析列出如下,以下的图序为:

磁路平面图及材料定义(图 6-40)

磁感线方向及分布(图 6-41)

磁场强度热分布图(图 6-42)

B 值曲线图(图 6-43)

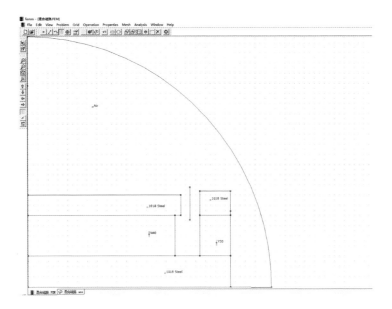

图 6-40 磁路平面图及材料定义(内、外混合式磁路)

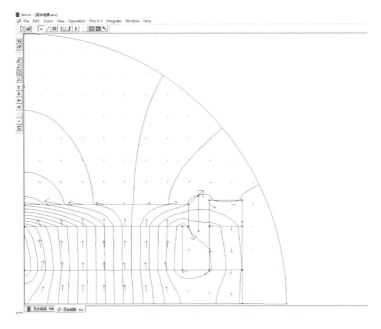

图 6-41 磁感线方向及分布(内、外混合式磁路)

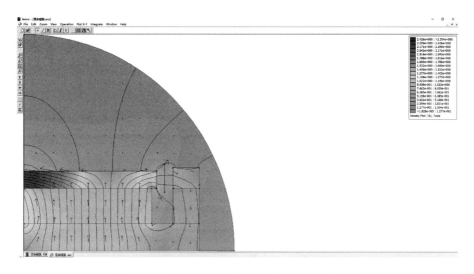

图 6-42　磁场强度热分布图(内、外混合式磁路)

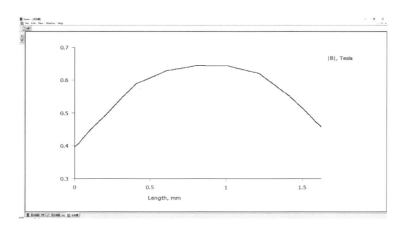

图 6-43　**B** 值曲线图(内、外混合式磁路)

6.2.3　对含主、副磁多磁体系统磁场的模拟仿真分析

我们前面介绍过含主、副磁的扬声器,现以一款扬声器 CDF40A-656 为例来具体说明(图 6-44~图 6-47)。图 6-44 是该产品的剖面图。

其技术描述如下:

从磁场强度热分布图(图 6-46)可知,由于副磁的作用,在音圈工作空间区域内,其磁场强度显著增强了。

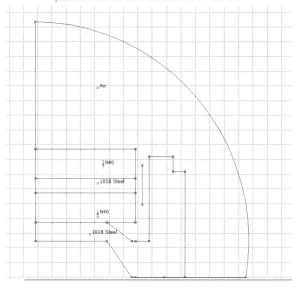

图6-44　磁路平面图及材料定义(CDF40A-656)

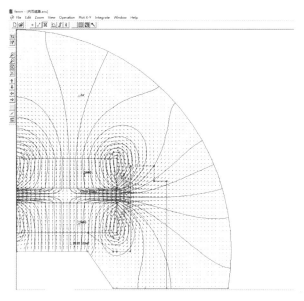

图6-45　磁感线方向及分布(CDF40A-656)

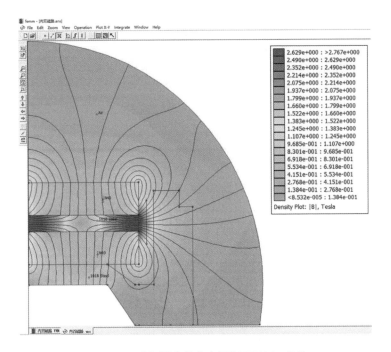

图 6-46　磁场强度热分布图(CDF40A-656)

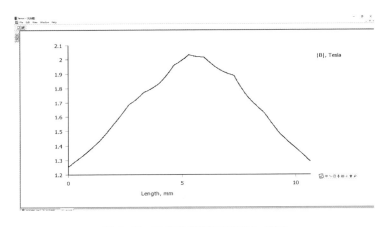

图 6-47　B 值曲线图(CDF40A-656)

6.2.4　对海尔贝克磁阵列系统磁场的模拟仿真分析

这项工作中,除了线性海尔贝克磁阵列系统外,还有环状海尔贝克磁阵列系统、平面海尔贝克磁阵列系统、空间立体排布海尔贝克磁阵列系统等方面的工作,我们目前尚未进行,但也在计划之列,不久即将进行。

结　　语

　　本书的出版是麦格雷博公司和东南大学物理学院产学合作的一个佐证。麦格雷博公司是一家以磁能产业为中心的科技型企业。它是源于日本先进的磁处理、磁测量技术，并在中国市场逐步发展应用领域进而优化、超越的企业。它规模虽然不大，却是目前国内磁技术、磁产业中为数不多的技术驱动型企业。和众多日资企业及日系企业一样，在企业管理上非常强调所谓的"三现两原"的思维方法和处理生产过程中出现的问题，所谓"三现"是指去"现场"、面对"现物"、观察"现象"，从中找出问题而用"两原"，即"原理""原则"去解决，换成物理人的语言来说就是要"见物问理"，从物理现象中寻求端倪，通过观察、思考去粗取精、去伪存真上升为物理问题，进而再用基础物理的知识去解决生产实际中的问题。因此，把生产实际中的相应的基础物理知识整理出来应是一项有意义的工作。

　　在电声器件领域中，不论是声—电转换的传声器系列，还是电—声转换的扬声器系列，在动作原理上，磁作用都是举足轻重、不可忽视的。尽管近年来，由于电子器件的微型化、集成化、功能化的发展，传声器领域中驻极体电容传声器、硅微传声器崭露头角，在应用的数量上占了一定的份额，但动圈话筒仍然是话筒应用中的主力军。而在扬声器产品中，现在使用的扬声器，大约有 99% 以上是电动扬声器（动圈扬声器），这是在置于磁场中的扬声器音圈中通以交变电流时，根据弗莱明左手定则而使音圈受到驱动并推动振膜振动而发声的。

　　扬声器被发明出来的历史应该追溯到一百多年前，和著名的发明家、企业家 Bell 同一时期，当时不同类型的扬声器被提出来了。作为一种业余兴趣，Ernst W. Siemens（Siemens & Halske 公司创始人）于 1874 年 1 月 20 日，申请了电动式扬声器原型专利，让带支撑系统的音圈处于磁场中，以便使振动系统保持轴向运动。当时主要用于继电器而不是扬声器领域。1877 年 12 月 14 日，Siemens 申请了号筒专利，在一个移动的音圈上面附着一个羊皮纸作为声音辐射器，羊皮纸可以制成指数型锥体形状，这是第一个留声机时代的号筒实型。

186

1898 年，Oliver Lodge 申请了第一个实用电动式扬声器专利，将音圈放在内外圆极板的磁隙中运动，和许多发明一样，当时这个伟大的发明太超前了。这个发明决定了现在 99％ 的现代动圈扬声器的结构，与我们所熟悉的现代喇叭十分类似，Lodge 称为"咆哮的电话"。不过这个发明却无法运用，因为直到 1906 年 Lee De Forest 发明了真空三极管，又是好几年以后制成可用的扩大机，所以，锥盆喇叭到 1930 年代才逐渐普及起来。动圈式喇叭问世之初由于永久磁铁强度难以配合，所以多采用电磁式设计，在磁铁中另外缠绕一个线圈来产生磁场，这种设计曾流行 20 年之久。但电磁喇叭有它的问题，比如通过电磁线圈的直流脉冲容易产生交流干扰；而电磁线圈的电流强度随音频讯号而变动，造成新的不稳定因素。但这也说明磁场对动圈扬声器的重要性。第二次世界大战后，由于经济的快速发展，各种新型音响配件成为抢手货，锥盆式喇叭再度受到严重考验。这段时间由于强力合金磁铁开发成功，动圈式喇叭由电磁式全部变成永久磁铁式，过去的缺点一扫而空（常用的除了天然磁铁以外，还有铝镍钴磁铁与铁氧体磁铁，天然磁铁除了磁通密度外，其他的各种特性都较优越，但是随着稀土磁铁的开发，现在高级喇叭都采用钕磁铁了）。

这里有两个有趣的"99％"，一个是 1898 年，Oliver Lodge 申请的第一个实用电动式扬声器专利，这个发明专利决定了现在 99％ 的现代动圈扬声器的结构，与我们所熟悉的现代喇叭十分类似；另一个是现在使用的扬声器，大约有 99％ 以上是电动扬声器（动圈扬声器）。

针对这些情况，我们确定了着重讨论电声器件磁学的相关问题。

本书由吴宗汉编写。其中，第六章中 6.2 磁场的仿真模拟的内容是根据深圳豪恩声学温志锋副总经理、孟祥全工程师提供的材料编写的。

本书的编写过程中，得到了以下各位的支持和协助，在此谨表衷心感谢。他们是：

华南理工大学物理与光电学院声学研究所的谢菠荪教授及钟小丽教授、余光正教授。南京大学信息物理系的钱鉴教授。东南大学物理学院潘勇涛书记，倪振华、邱腾、陈殿勇诸教授和吉鑫主任。麦格雷博电子（深圳）有限公司院士工作站（筹）的 G.Touchard 院士（俄罗斯科学院外籍院士、法国 Poiters 大学资深教授），以及麦格雷博电子（深圳）有限公司的佐佐木俊一（日本）、彭林、郭家文、徐文正等。

其他相关公司、研究院所等的技术人员及相关人士：徐世和、何鸿钧、丁德胜、姜勖、林淑君、林毓伦、马桂林、应正铭、温志锋、朱纪文、唐啸、欧阳小禾、陈虎、徐翀、蒙圣杰、孔令华、孟祥全、朱彪、沈一伟、黄晖、曾喜海、林朝阳、李铠、罗旭辉等。

"声学楼"论坛的杨春、奚爱军等人,也给予过帮助。

其实,给予我们支持、帮助的人很多,很难全部一一列举进行感谢,一定会有遗漏,这里只能说一声:抱歉了! 请原谅!

吴宗汉

2020 年仲夏于石头城下

参 考 文 献

普通图书类

[1]哈里德 D,瑞斯尼克 R.物理学[M].2 版.北京:科学出版社,1981.

[2]周公度.结构和物性[M].北京:高等教育出版社,1993.

[3]奥尔森 H F.声学工程[M].北京:科学出版社,1964.

[4]张良莹,姚熹.电介质物理[M].西安:西安交通大学出版社,1991.

[5]山本武夫.扬声器系统[M].王以真,吴光威,张绍高,译.北京:国防工业出版社,2010.

[6]俞锦元,应正铭,李志平.扬声器设计与制作[M].广州:广东科技出版社,2012.

[7]王正林,刘明.精通 MATLAB7 [M].北京:电子工业出版社,2006.

[8]王以真.实用扬声器工艺手册.[M].北京:国防工业出版社,2006.

[9]吴宗汉,何鸿钧,徐世和.电声器件材料及物性基础[M].北京:国防工业出版社,2014.

期刊类

[1]向裕民.平行共轴载流圆线圈间的磁力计算[J].重庆大学学报(自然科学版),1997,20
(6):49-52.

[2]王树平,崔红娜,范虹,等.共轴载流矩形线圈间的相互作用力[J].物理与工程,2007,17
(5):11-16.

[3]李秉宽,顾国锋,苏安.三角形载流线圈空间磁场的分布[J].广西物理,2008,29(1):
46-50.

[4]周耀忠,唐申生.任意形状通电线圈磁场的计算[J].海军工程大学学报,2009,21(3):
71-74.

[5]翟国富,汪开灿,王亚坤,等.螺旋线圈电磁超声换能器解析建模与分析[J].中国电机工
程学报,2013,33(18):147-154.

[6]邹志纯.亥姆霍兹线圈空间的磁场分布[J].西安邮电学院学报,2004,9(3):89-91.

[7]王森,罗成.亥姆霍兹线圈磁场的均匀性分析[J].大学物理,1998,17(3):17-19.

[8]任宝华.揭开耳机的奥秘:耳机(换能器)的机理结构和种类[J].家用电器,2004,2
(7):52-55.

[9]陈克安,钟维彬,曾向阳.平面扬声器及其声学特性[J].电声技术,2003,27(9):21-23.

[10]吴宗汉.振膜系统材料特性对传声器相关特性影响的分析[J].电声技术,2009,33(10):

17-19.

[11] 姜勖,吴宗汉.涡旋结构载流线圈磁场及磁力的解析建模与计算[C]// 2014 年声频工程学术论坛暨学术交流年会论文集.宁波:中国电子学会/中国声学学会声频工程分会,2014.

[12] 姜勖,吴宗汉.涡旋线圈解析建模的电磁补偿结构设计与应用[J].电声技术,2014,38(12):44-49.

[13] Xiao L,Chen Z,Feng C,et al. Flexible, stretchable, transparent carbon nanotube thin film loudspeakers[J]. Nano Letters,2008,8(12):4539-4545.

专利类

[1] 吴宗汉.动磁平面线圈型传声器:CN101711006A[P].2010-05-19.

[2] 吴宗汉,徐世和,李铠.一种非磁钢系统受话器和扬声器:CN203289638U[P].2013-11-13.

[3] 吴宗汉,徐世和,李铠.一种非磁钢系统受话器或扬声器:CN 103220607A[P].2013-07-24.

[4] 吴宗汉,李铠.一种动磁式超薄受话器:CN 201967127U[P].2011-09-07.

[5] Wu Z. Moving-magnet electromagnetic device with planar coil:US 8718317B2[P].2014-05-06.

[6] Watanabe S. Piezoelectric film loudspeaker:US6914993B2[P].2005-07-05.

[7] 深圳市豪恩电声科技有限公司.光纤麦克风:CN2834067Y[P].2006-11-01.

[8] 吴宗汉.微机械加工硅基振膜与非硅基背极传声器:CN2705986Y[P].2005-06-22.

[9] 吴宗汉,王磊,李军.用于电声换能器的铁电振膜:CN200976675Y[P].2007-11-14.

[10] 吴宗汉,李军.一种超薄扬声器 CN201066927Y[P].2008-05-28.

[11] 欧阳小禾,吴宗汉.一种压电传声器及声电转换器:CN201114759Y[P].2008-09-10.

[12] 陈虎,温志锋,吴宗汉.一种固体传导传声器:CN201114760Y[P].2008-09-10.

[13] 吴宗汉,舒克茂,彭林.一种海尔贝克磁阵列的制造方法及其所使用的充磁装置:CN 105957707 A[P].2016-09-21.

[14] 徐世和,袁宁新,孙晓芳,等.一种外磁式双磁扬声器主、副磁的充磁方法:CN 103474198 B[P].2016-02-03.

[15] 付猛,李丽丽,刘春林.一种制备钕铁硼永磁纳米粒子的方法:CN 103990808 A[P].2016-12-07.

[16] 杜军,戴洪湖,汪连生,等.一种纳米复合钕铁硼磁性材料及制备方法:CN 105702405 A[P].2016-06-22.

[17] 赵宝宝,何卫阳,胡盛青,等.一种高磁能积烧结钕铁硼永磁材料及制备方法:CN 103632792 A[P].2014-03-12.